Klaus Kissel · Uwe Reusche

SALES COACHING: WIRKSAM FÜHREN IM VERTRIEB

DEN WEG IN DIE ZUKUNFT GESTALTEN

WINDMÜHLE
EDITION BEI FELDHAUS

ISBN 978-3-86451-066-3

FELDHAUS VERLAG GmbH & Co. KG
Postfach 73 02 40
22122 Hamburg
Telefon +49 40 679430-0
Fax +49 40 67943030
post@edition-windmuehle.de
www.edition-windmuehle.de

Satz und Gestaltung: FELDHAUS VERLAG, Hamburg
Abbildungen: Andreas Stürz, Wolfgang Pellici
Herstellung: WERTDRUCK, Hamburg

Bibliografische Information der Deutschen Nationalbibliothek
Die Deutsche Nationalbibliothek verzeichnet diese Publikation in der Deutschen Nationalbibliografie; detaillierte bibliografische Daten sind im Internet über http://dnb.d-nb.de abrufbar.

Inhaltsverzeichnis

Einführung

Die Neuauflage unseres Buches »Sales Coaching: Wirksam führen im Vertrieb« entsteht in einer Zeit, in der sich die Rolle von vielen Vertriebsmitarbeitenden stark gewandelt hat. Unsere erste Auflage kam im Jahr 2012 heraus und Themen wie Agilität waren zwar schon in vielen Organisationen auf der Tagesordnung – betrafen aber eher die IT oder Projektorganisationen. Heute ist das Thema Agilität in den Vertriebseinheiten der Organisationen angekommen und der immer stärker zunehmende Wettbewerb, durch E-Commerce und durch die künstliche Intelligenz im Vertriebsprozess, verändern den täglichen Ablauf eines Verkäufers, einer Verkäuferin stark, was Auswirkungen auf die Rolle von Führungskräften oder Coaches hat, die Vertriebsmitarbeitende begleiten.

Dieses Buch richtet sich daher an Führungskräfte, die lernen möchten, wie sie bei ihren Mitarbeitenden oder im Team eine neue Form des Lernens fördern können und hierfür die Rolle als Vertriebscoach einnehmen wollen. Sie erkennen dabei, dass es sich lohnt, im Vertriebsteam und bei Einzelnen Lernen zu fördern und erkennen, was es heißt, dieses Ziel in den Vordergrund zu stellen. Denn hierdurch verbessert sich der Output der Vertriebsleistung aller Mitarbeitenden. Dabei gehen wir davon aus, dass jeder Mitarbeitende leistungswillig ist und eine Kontrolle der Vertriebsergebnisse keinen motivationsfördernden Charakter hat. Diese Form der Kontrolle ist in heutigen Zeiten sowieso nicht mehr durch eine Führungskraft notwendig, sondern kann durch IT-gestützte Programme und Selbstkontrolle durchgeführt werden. Es reicht also, wenn sich die Führungskraft im Vertrieb auf Lernförderung und Organisationsaufgaben konzentriert – ihre Aufgabe ist es, einen guten Rahmen zu gestalten.

Dabei werden wir Ihre Praxis widerspiegeln, in dem wir immer wieder Beispiele aus dem Alltag einer Vertriebsführungskraft integrieren. Wir nehmen Sie mit auf eine Reflexionsreise Ihrer eigenen Führungsrolle – dafür haben wir Übungen eingefügt, die Sie durcharbeiten können, um Ihre eigenen Schlüsse zu ziehen.

Insofern ist eines unserer Ziele, Sie als Autorin und Autor zu gewinnen, denn das Buch ist noch nicht fertig. Sie finden in diesem Buch viele Stellen, an denen es darum geht, selbst zu reflektieren und auf die von uns gestellten Fragen eigene Antworten zu finden. Erst mit Ihren Antworten auf unsere Fragen ist dieses Buch am Ziel, zu Ihrem ganz persönlichen Buch zu werden.

Wir haben es im Text vorgezogen, vom Mitarbeitenden, Leitenden, Vorgesetzten etc. zu schreiben. Wir hoffen, dass wir mit unseren Begriffen insgesamt eine gendergerechte Sprache gefunden haben. Sollte Ihnen etwas auffallen, wo wir dies übersehen haben, freuen wir uns über einen Hinweis.

Viel Freude mit dieser zweiten Auflage unseres Buches!

Uwe Reusche und Klaus Kissel

Teil 1

Vertrieb der Zukunft –
Neue Lernmodelle im Vertrieb

Sales Coaching bedeutet für mich, im Führungsalltag die vorhandenen Potenziale meiner Mitarbeitenden gezielt zu fördern. Dadurch handeln sie im Zeitverlauf immer eigenständiger und lösungsorientierter; auftretende Probleme werden selbstständig gelöst. Dies bedeutet für mich, einen deutlichen Zeitgewinn für andere Aufgaben.

Die Beziehung zu meinen Mitarbeitenden ist durch Sales Coaching noch partnerschaftlicher geworden. Durch das bessere Verständnis für die Situation des Einzelnen, lassen sich Missverständnisse vermeiden und die Kommunikation erfolgt zielgerichteter. Dies steigert die Effizienz und macht langfristig erfolgreicher.

Stephan Zander, Vertriebsführungskraft im FMCG-Bereich

Vertriebsführung der Gegenwart aus der Perspektive eines Mitarbeitenden

Zu Beginn des Buches möchten wir bewusst einmal die Antwort eines Vertriebsmitarbeitenden wiedergeben, die aus unserer Sicht einige der Kernprobleme gegenwärtiger Vertriebsführung aufdeckt.

Aussage eines Mitarbeitenden in einem Vertriebsworkshop auf die Frage: »Wie motivierend erlebe ich gerade die Vertriebsarbeit in meinem Alltag?«

Mitarbeitender: »Ich erlebe es eher als Überforderung. Die Produktwelt unseres Unternehmens ist in den letzten Jahren immer komplexer geworden, dennoch sollten alle Verkäufer alles verkaufen können. Eine Selektion und Spezifizierung im Vertriebsteam wird abgelehnt, obwohl das dringend notwendig wird. Immer noch sind wir nur nach Regionen aufgeteilt und die Vertriebsleiter agieren als »Graf Zahl«, indem sie uns Statistiken und Ziele unter die Nase halten. Was soll daran motivierend sein? Der Kunde weiß manchmal über Produkte und Preisvergleiche mehr Bescheid als ich und ich habe keine Zeit mich in Detailwissen zu vertiefen, weil ich den ganzen Bauchladen bedienen muss.

Ach ja, und dann fährt die Führungskraft zweimal im Jahr mit und erkennt selbst, dass es schwer ist, im Alltag das alles zu stämmen – schließt dann aber das Coaching ab mit dem Satz: »Ich weiß ja, dass es schwer ist, mir sind ja auch die Hände gebunden.« Was soll bitte dann daran motivierend sein?«

Dies ist nur ein mögliches Beispiel dafür, welchen Belastungen Vertriebsmitarbeitende ausgesetzt sind und welche Probleme sich im Vertriebsalltag ergeben.

Bevor wir nun einfach eine standardisierte Lösung dieses spezifischen Problems »von oben« vorgeben, möchten wir mit Ihnen als Führungskraft einen anderen Weg einschlagen. Wir analysieren mit Ihnen, was die Herausforderungen der »Zeit« sind, in der wir leben, wir leiten daraus ab, welche Kompetenzen es braucht, die Sie als Führungskraft stärken und wir möchten Sie sehr herzlich einladen, als Sales Coach, ihrem Team und ihren Mitarbeitenden zu begegnen. Ihre Mitarbeitenden werden ebenfalls neue Kompetenzen erlernen und sich in zeitgemäßen Rollen ausprobieren. Dann sind wir sicher, dass Sie nicht nur Antworten auf das oben geschilderte Problem finden, sondern auch Lernprozesse anstoßen, mit denen Sie und Ihr Team gewinnbringend Zukunft gestalten.

Zukunftstrends und ihre Herausforderungen

Für die Zielerreichung und den Weg in die Zukunft zu gestalten, sind in erster Linie Sie als Führungskraft gefragt. Es geht uns darum, einen ersten Blick auf zukunftsweisende Trends zu wagen: Wohin geht die Reise der Gesellschaft und was hat das für Auswirkungen auf Sie als Führungskraft, auf Ihr Team und auf die Vertriebstätigkeit? Danach richten wir den Blick auf die Kompetenzen, die es braucht, diesen Weg zu gestalten:

»Die Führung Ihrer eigenen Persönlichkeit durch Sie selbst und der adäquate Umgang mit Ihren Vertriebsmitarbeitenden«.

Starten wir den Weg in die Zukunft mit einem kurzen Blick aus der Vergangenheit ins Heute, speziell zum Thema Internet.

- 1995 kommt der erste Internet Explorer auf den Markt und AOL hat 30.000 Testmitglieder.
- 1998 gibt es in Deutschland 7,3 Mio. Internetanschlüsse.
- Im Jahr 2000 gibt es über eine Milliarde Webseiten weltweit.
- 2002 ist Google die bedeutendste Suchmaschine mit 2,5 Milliarden indizierten Webseiten.

Und wie es weiterging, kennen wir nur allzu gut. Seit der Entstehung von Web 2.0, mit der Möglichkeit, sich interaktiv auszutauschen, wachsen Meta & Co. ins Unermessliche. Und mit unseren Smartphones sind wir heute überall erreichbar, ständig online. Unsere Freunde wissen, wo wir uns gerade aufhalten. Wir fahren nicht mehr in Bibliotheken oder falten Autokarten, sondern wir holen uns Themenfelder, Routenplaner, Nachrichten und Unterhaltung durch zwei, drei Klicks ins Büro, ins Auto, ins Straßencafé und, wenn wir krank sind, sogar ans Bett.

Gerade im Business hat sich die Reaktionszeit extrem verkürzt. Menschen, die vor 1980 geboren wurden, können sich vielleicht noch an die »gute alte Zeit« erinnern, als man außer Dienst auch einfach »weg« war – als Feierabend, Wochenende und Urlaub wirklich freie Zeiten waren. Das ist gar nicht so lange her. Die Gesellschaft verändert sich. Wie schnell Menschen mobilisiert werden können, zeigen z. B. die Erfolge von Fridays for Future. Eine Bewegung in vielen Ländern auszulösen, kann einem Mädchen aus Schweden mit einem Plakat gelingen. Das virale selbstgesteuerte Marketing läuft über die sozialen Medien und kommt erst danach in die »alten Medien«. Arbeitswelt und Freitzeitwelt verschmelzen, orts- und zeitunabhängiges Arbeiten ist zentraler Bestandteil, die modernen Onlinetools lassen uns wie in einem Raum zusammenarbeiten.

Trends analysieren – der Blick in die Zukunft?

Kann man nun erforschen, was die Zukunft so bringt? Ja und Nein – einerseits gibt es Trends, die so eindeutig sind, dass man eine Aussage über die Zukunft treffen kann – sofern »nichts Gravierendes« passiert, was wir alle seit 2020 mit Corona und dem Krieg in der Ukraine erlebt haben. Andererseits wird es schwierig, wenn wir eine mögliche Datierung anstreben. Die neuen Trends entstehen immer schneller, beschleunigen sich und werden genauso schnell wieder abgelöst.

Wer sind jetzt, und voraussichtlich auch in nächster Zukunft, die Treiber der neuen Trends? Sicherlich die Gesellschaft insgesamt, aber schauen wir uns doch die Generation Z als einen Treiber der Gesellschaft an, eine »aufstrebende« Generation, die sich mit ihren Werten sehr von den Generationen davor unterscheidet. Es sind die Altersgruppen, die mit dem Internet, Smartphone und Social Medias aufgewachsen und vernetzt sind und einen anderen Zugang dazu haben. Die nächste Generation Alpha wird die neuen Möglichkeiten noch intensiver Nutzen (Metaverse etc.) und sich noch mehr im virtuellen Raum bewegen.

Vertrieb muss sich heute diesen neuen Zielgruppen, generell der Diversität, öffnen und gleichzeitig die Generationen, die sich mit den Medien schwertun, als ggf. sogar stärkste Käufergruppe im Blick halten. Diese Diversität wird auch immer mehr in ihrem Vertriebsteam auftreten und Sie wissen schon was es heißt, »im Spagat« zu führen. Der »Spagat« zwischen den unterschiedlichsten Interessen und Bedürfnissen muss Ihnen aber gelingen, da Sie auf der einen Seite die erfahrenen Mitarbeitenden halten möchten und auf der anderen Seite den jungen Mitarbeitenden einen »Best-Place-of-Work« bieten möchten.

Es macht also Sinn, sich mit Trends zu beschäftigen und diese Trends auch im Vertriebsteam besprechbar zu machen.

Nachfolgend stellen wir Ihnen eine Auswahl der Trends vor, von denen wir meinen, dass sie einen direkten und indirekten Einfluss auf den Vertrieb der Zukunft und Gegenwart haben werden. Hierbei unterscheiden wir nicht nach Vertriebsformen, ob Sie nun z. B. weitere Händler im B2B oder einzelne Kunden oder Klienten im B2C ansprechen wollen. Viele der erwartbaren Trends haben Auswirkungen auf beide Bereiche. Ebenso wenig unterscheiden wir zwischen Megatrends und kurzfristigen Trends.

Vorab sind Sie als Autor/Autorin gefragt: Dieses Buch haben wir nun im Jahr 2023 überarbeitet. In welchem Jahr leben Sie gerade, als Sie diese Zeilen lesen? Bitte vergleichen Sie unsere Gedanken mit Ihrer Realität und beantworten Sie für sich parallel folgende Fragen:

Welche Trends sehe ich gerade, die einen Einfluss auf meine Vertriebstätigkeit/Markt haben oder bald haben können?

____

____

____

____

Welche Rezepte habe ich, um mich selbst, mein Unternehmen und mein Vertriebsteam auf diese Zukunft vorzubereiten?

____

____

____

____

Trend 1: Kommunikation und Meinungsbildung über Online-Medien

Der Kunde ist König und bildet seine Meinung im Internet. Dabei berücksichtigen Kunden alle Informationen, die verfügbar sind, d. h. auch die Informationen, die falsch bzw. aus der Sicht des Verkaufenden falsch sind. Dazu zählen Bewertungen, Preisvergleichsportale (die vielleicht zu einseitig vergleichen), Einträge bei Meta, Instagram, You-Tube-Videos etc. Wenn Vertriebsmitarbeitende heute zu ihren Kunden kommen, werden sie nicht selten mit Informationen überrascht, die aktuell aus dem World-Wide-Web aufgeschnappt werden. Die scheinbaren Vorteile der absoluten Transparenz an Informationen führen so häufig zu Fehlinformationen oder auch zu Überforderung bei den Kunden. Wie gut sind Sie darauf vorbereitet? Welche Auswirkungen haben die Möglichkeiten der Online-Kommunikation auf Ihren Vertriebsalltag:

Welche Einflüsse hat der Trend der Onlinekommunikation auf Ihren Vertrieb?

____

____

____

____

Trend 2: Generationsunterschiede im Unternehmen und im Markt managen

Wie würde Ihr Unternehmen aussehen, wenn die heute 20- bis 30-jährigen Mitarbeitenden das Recht hätten, alles nach ihren Wünschen umzustellen? Wie würde die Inneneinrichtung aussehen? Wie würden sich die Arbeitszeiten ändern – das Recht auf Home-Office und das Essen in der Kantine? Wenn Sie diese Fragen hören, kann es sein, dass Sie vielleicht sagen: »Gott sei Dank, haben die 20- bis 30-jährigen Mitarbeitenden noch nicht das Sagen!« Doch stimmt das wirklich? Vielleicht haben diese Mitarbeitenden nicht die Macht per Hierarchie in ihrer Hand, sie haben aber in den meisten Branchen die Macht per Bewerbung in ihrer Hand. Viele Unternehmen haben daher damit begonnen, die Unternehmenswelt auf New Work und den Ort auf die Bedürfnisse der jüngeren Generationen umzustellen. Damit wird es immer wichtiger, dass Führungskräfte Lösungen für die unterschiedlichen Bedürfnisse der Mitarbeitenden aber auch für die unterschiedlichen Ansprachestrategien im Markt zu finden.

Welche Einflüsse hat der Trend der neuen Generationen im Markt und im Vertriebsteam auf Ihren Bereich?

____

____

____

____

Trend 3: Die scheinbar absolute Markttransparenz

Die Digitalisierung bietet im Vertrieb viele Chancen und auch neue Herausforderungen für die Mitarbeitenden. Die Nutzung von künstlicher Intelligenz macht es Suchmaschinen und Online-Portalen möglich, als agierende Person, die neuen Produkten verkauft, wahrgenommen zu werden. Stichwort: »Wer das sucht, möchte auch das kaufen!«. »Im Cross-Selling ist das Internet jedem Verkäufer und jeder Verkäuferin überlegen«, sagte einmal ein Bereichsleiter Vertrieb eines Handelsunternehmens. Die scheinbar absolute Transparenz macht einen Vergleich zwischen Produkten und Preisen immer einfacher.

Eigentlich steht so die Frage im Raum, brauchen wir überhaupt noch einen Vertriebsmitarbeitenden als beratende Kraft?

Wenn Sie diese Frage mit »JA« beantworten wollen, kann es sein, dass sich die Rolle der Beratung verändert, oder verändern müsste? D. h. die Frage könnte lauten, wie können wir die Folgen der zunehmenden Digitalisierung und Markttransparenz für uns und unsere neue Rolle nutzbar machen?

Welche Einflüsse hat der Trend der schnell verfügbaren Vergleichbarkeit von Qualität und Preis auf Ihren Vertrieb?

____

____

____

____

Trend 4: Werteorientierung und Nachhaltigkeit

Die wachsende Werteorientierung in der jetzt kommenden Gesellschaft ist kaum noch aufzuhalten.

Neue Zertifizierungsvorhaben, die nachhaltiges Handeln in den Mittelpunkt der Zertifikatserteilung stellen, werden im Markt immer wichtiger. Im Firmenkundenvertrieb müssen immer mehr Zulieferer Fragen beantworten, wie zum Beispiel: »Was unternehmen Sie in punkto sozialer Nachhaltigkeit?« Ein Beispiel, auf das wir durch einen Kunden aus dem Bereich Nahrungsmittel gekommen sind, ist die Organisation »Foodwatch«, die »Essensretter« von Thilo Bode.

»Foodwatch« und ähnliche Organisationen weltweit gewinnen für die Nahrungsmittelindustrie an Bedeutung – aber nicht im positiven Sinn, da sie von den Verbrauchern zunehmend beachtet werden.

Foodwatch wacht darüber, ob die Werbeversprechen sich auch in den Produkten wiederfinden. Einmal im Jahr wird die größte Werbelüge prämiert – eine lang anhaltende Schmach für die Produzenten – und die Kunden reagieren schnell. Belegen wir dies mit einem Beispiel aus dem Jahr 2011: der »Fruchttiger«, ein zuckerhaltiges Fruchtsaftgetränk voll mit Aromastoffen, wurde von Foodwatch wegen seiner irreführenden Werbung (Gesund für Kinder) öffentlich kritisiert. Hierbei setzt Foodwatch auf die Methode Öffentlichkeitsarbeit. Ziel ist, dass viele Verbraucher die von Foodwatch vorgefertigten Protestmails an die Verantwortlichen des Unternehmens schreiben und ihren Unmut kundtun können. Eine Welle großer Entrüstung brach über das Unternehmen herein, sodass der Hersteller schnell die Rezeptur des Fruchttigers geändert und das Getränk ohne Zucker und mit echten Früchten angeboten hat. Das Unternehmen hat es hier verstanden, schnell und offensiv zu reagieren.

Der Zulauf bei Foodwatch & Co. wird immer größer. Das liegt unserer Meinung nach daran, dass Werte wie Vertrauen und Ehrlichkeit mittlerweile von vielen in unserer Gesellschaft viel stärker gewichtet werden, als zum Beispiel der Preis. Wie stark punkten Ihr Unternehmen und Ihre Mitarbeitenden bei dem Thema Vertrauen und Nachhaltigkeit? Ist Ihr Vertrieb darauf vorbereitet?

Welche Einflüsse hat der Trend zu den Werten Ehrlichkeit, Nachhaltigkeit und Gesundheit auf Ihren Vertrieb?

____

____

____

____

Trend 5: Internet als Konkurrenz oder Chance?

Ist das Internet nun für Sie und Ihr Vertriebsteam eine Konkurrenz, über die man gerne lästert und vor der man Angst hat? Oder sehen Sie das Internet mit Web 2.0 und seinen Möglichkeiten eher als Chance?

Wenn wir Vertriebsteams begleiten, hören wir immer wieder Stimmen, die bei Internetvergleichen eher nach Hilfe suchen oder wie gelähmt verharren.

Angebotsvergleiche gab es im Vertrieb aber auch schon vor Zeiten des World Wide Web, denn Kunden und Kundinnen haben sich auch früher oft mehrere Angebote eingeholt und verglichen. Das ist also nicht neu. Neu sind nur die Geschwindigkeit, die globale Vergleichbarkeit bei der Suche nach dem günstigsten Preis und die Möglichkeit Preise komplex zu verschachteln. Schauen wir doch einmal auf die Chancen des Internets. Inwieweit kennen Ihre Vertriebsmitarbeitenden die Konkurrenz im Web?

Bei einer Veranstaltung rund um das Thema Vertrieb sprachen wir mit Führungskräften aus dem B2C-Bereich über das Thema Preisvergleich im Netz. Sie erwähnten, dass ihre Mitarbeitenden in den Service- und Call-Centern in eine Art Schockstarre verfallen, wenn Kunden Angebote z. B. über Check 24 mitbringen. Das Schimpfen auf das eigene Unternehmen war groß. Warum kann man denn die Preise nicht heruntersetzen? Erschwert wurde dies dadurch, dass die eigene Firma in dieser Zeit ihren Vorständen auch mehr Geld ausbezahlt hatte.

Das Internet mit seiner Transparenz, immer und fast überall Informationen zu generieren, wurde als Konkurrenz gesehen, gar verdammt. Diese Antipathie, in Bezug auf Vergleiche und schneller Information, spürten auch die Kundinnen und Kunden, die doch nur das getan hatten, was eine aufmerksame Käuferschaft tut: sich über das mögliche Produkt gut zu informieren. Die stumm-sauren Mitarbeitenden können den Kunden nicht das bieten, was anderswo möglich ist. Dabei ist ja immer noch nicht gesagt, dass der Preis das alleinige Entscheidungskriterium der Kunden ist. Kundinnen und Kunden, die vielleicht sogar einen gewissen Mehrpreis bezahlt hätten, um beim Händler und der Händlerin des Vertrauens den gewohnten Service und die Beratung zu erhalten, fühlen sich mit dieser Haltung des Gegenübers unwohl und meiden in der Zukunft vielleicht sogar den Kontakt. Sie bestellen möglicherweise das nächste Mal gleich online.

Schauen wir nun auch einmal auf die Reaktionen des Unternehmens. In großer Aktivität begann die Marketingabteilung die Mitarbeitenden mit vielen Informationen zu versorgen. Letztlich war der Tenor dieser Schreiben: Gute Qualität darf mehr Geld kosten. Fast täglich gab es neue Schreiben, die aber von den Mitarbeitenden immer wieder mit der gleichen Argumentation, »Wir sind zu teuer«, abgetan wurde. In das gleiche Horn der Marketingabteilung stießen die Führungskräfte. Mit vielen Reden – fast schon einem Überreden – mit hoher Kraftanstrengung versuchte man die Mitarbeitenden auf Kurs zu bringen. Man gab Formulierungen vor, zeigte noch einmal auf, was die Kundschaft alles für ihr Geld bekommen würde, aber nichts half. Warum? Weil sich im Inneren der Mitarbeitenden der Satz bildete »Die Kundinnen und Kunden haben ja recht – ich mache es doch bei meinen Einkäufen in anderen Sparten genauso!«. Je mehr die Mitarbeitenden für eine Reduzierung und Anpassung der Preise an die Onlinekonkurrenz eintraten, desto hektischer wurden weitere Infos gegeben.

Wie würden Sie in solch einem Fall als Vertriebsführungskraft tun, um Ihr Team wieder ins Boot zu holen? Was wären Ihre Aktivitäten?

____

____

____

____

Erst als man die innere Überzeugung der Mitarbeitenden: »Die Kundinnen und Kunden haben ja recht«, angehört und die Welt aus der Sichtweise der Mitarbeitenden gesehen hatte, fühlten sie sich verstanden und waren bereit, weitere strategische Schritte mit der Unternehmensleitung zu entwickeln und zu gehen. Dann erst konnten wir mit einer detaillierten Analyse der Angebote der Konkurrenz beginnen. Wir recherchierten und analysierten im Internet die Vor- und Nachteile der billigen Konkurrenz und entwickelten gemeinsam eine tragfähige Argumentation. In der nun hergestellten gegenseitigen Achtung der Positionen, konnten die erarbeiten Argumente, warum es sich für Kundinnen und Kunden lohnt, nicht zum »billigen Jakob« zu gehen, bei den Mitarbeitenden auf fruchtbaren Boden fallen. Das Internet wurde nun als Chance bewertet.

Wie hatte das Unternehmen den »Dreh« geschafft? Das zentrale Element der neu gefundenen Ebene der Zusammenarbeit war, dass man mit den Einwänden der Mitarbeitenden gegangen ist und nicht dagegen. Man hatte sich den Sorgen angenommen. Die Mitarbeitenden fühlten sich verstanden und akzeptiert. Dann konnte aktiv der nächste Schritt gesetzt werden: Bei der Lösungsfindung die Mitarbeitenden aktiv einbinden. Das bedeutete, man ging den Weg, aus den Betroffenen Beteiligte zu machen. Viele Ideen und Argumente wurden geboren. Nicht alle kamen letztlich zum Einsatz, aber die Argumente, die aktiv umgesetzt wurden, wurden von allen Beteiligten mit großer Klarheit, Kraft und Stolz den Kundinnen und Kunden präsentiert. Manchmal waren die Argumente sogar die gleichen, wie in den vorausgegangenen Papieren der Marketingabteilung. Aber jetzt kamen sie aus den Mündern und den Herzen der Mitarbeitenden und hatten plötzlich die Kraft zum Fliegen. Zusammenfassend lässt sich sagen, dass das Unternehmen dieses Problem nur bewältigen konnte, indem es sich von der Inputvariante (»Wir wissen, was ihr zu sagen habt...«) löste und sich dem Outcome (»Stellt Euch selbst der Herausforderung und erarbeitet Lösungen«) widmete. Dadurch wurde das »Teufelszeug« Internet zum Freund und Helfer.

Der alte Spruch:

»Ob du etwas als Chance siehst oder als Bedrohung, du wirst immer Recht behalten«

wird sicher auch in der Zukunft gelten.

Wie beziehen Sie Ihre Mitarbeitenden in Probleme, die sich z. B. durch das Internet stellen, ein? Sind diese am Zustandekommen der Unternehmensstrategie aktiv beteiligt?

____

____

____

____

Nun haben Sie bereits einen Teil des Buches zu »Ihrem« Buch gemacht und sich damit befasst, wie sich Trends auf Ihr Unternehmen, insbesondere auf den Vertrieb, Ihre Mitarbeitenden und auf Sie als Führungskraft auswirken. Gehen wir nun einen Schritt weiter und reflektieren die Kompetenzen, die Sie als Führungskraft benötigen, um gut mit diesen Trends umzugehen und die Vorraussetzung für Ihre Rolle als Sales Coach sind.

Fit for Future – Führungskompetenzen der Zukunft

Wie beschrieben, sind die Dynamiken der Veränderungen für viele Mitarbeitende im Vertrieb deutlich spürbar. Die Sicherheit, dass man mit den gleichen Produkten, den gleichen Aktionen in der nahen Zukunft noch genauso erfolgreich sein wird wie früher, nimmt ab. Der Multi-Channel-Vertrieb in Zeiten der Digitalisierung erfordert eine höhere Flexibilität von Mitarbeitenden und auch von Führungskräften. Es scheint so, als würden die alten Führungsmuster nicht mehr funktionieren, was viele Vertriebsführungskräfte zusätzlich an ihre Grenzen bringt. Die Erfahrung, »wie Vertrieb funktioniert und wie geführt werden muss«, oder »der Führungstipp, wie man erfolgreich etwas abschließt« reichen oft nicht mehr aus, um wirksam in die Zukunft zu führen.

Die Frage ist nun, welche vertrieblichen Führungskompetenzen sind aktuell und in der Zukunft gefragt, sprich, was sind die Kompetenzen aus der alten Welt, die auch in der agilen Zukunft Bestand haben werden und was die der neuen Welt? »Was muss gelernt und was ent-lernt werden?

Die nachfolgenden Kompetenzen zeigen Ihnen jeweils auf, was evtl. neu gelernt und vielleicht ent-lernt werden muss. Bei den meisten Veränderungsprojekten, die wir begleiten, scheint es vielfach schwieriger zu sein, die Führungskräfte zu ermutigen, Dinge zu ent-lernen – da sie diese Kompetenzen in der Vergangenheit erfolgreich genutzt und angewandt haben. In den meisten Projekten macht es daher Sinn, den Führungskräften auch vorher die Frage zu stellen, ob sie auf dem Weg in die Zukunft die neue Rolle des Führens überhaupt wahrnehmen möchten oder nicht. Manche Führungskraft sagt nämlich auf diese Frage dann »NEIN«, wenn ihr gleichzeitig die Option eingeräumt wird, zukünftig wieder durch aktive Vertriebsarbeit den gleichen Lohn zu erhalten, den man als Führungskraft verdienen konnte.

Folgende Kompetenzen sind für die Vertriebsführungskraft der Zukunft wichtig:

Selbstführung

Selbstführung lässt sich in zwei Aspekte unterteilen, die wir nun einzeln betrachten.

Selbstreflexionsfähigkeit

Veränderungen zu begegnen, sich diesen zu stellen und Entscheidungen unter Unsicherheit zu treffen, verlangt auf der einen Seite Mut, auf der anderen Seite, sich der Angst vor dem Unbekannten und dem Versagen zu stellen. Es ist leicht gesagt: »Sei einfach mutig!« Doch was ist, wenn die Angst ein starker Wegbegleiter ist? Was passiert, wenn Gedanken des Versagens, ein »Was ist, wenn mir das nicht gelingt?«, dominierend sind? Ein wesentlicher Bestandteil der Selbstführung ist, sich selbst zu kennen und selbstwirksam zu entwickeln. Wir empfehlen für die Entwicklung dieser Kompetenz Vertriebsführungskräften einen Coach zur Seite zu stellen. Denn, die Fragen zu erforschen: »Wie gehe ich selbst mit der Angst um?«, »Wie wecke ich meinen Mut in mir?«, »Wie gehe ich persönlich mit Veränderungen um?«, ermöglicht den Vertriebsführungskräften innerlich zu wachsen, resilienter zu werden und somit Entscheidungen auch in unsicheren Zeiten leichter, schneller und kraftvoller zu treffen. Was muss hierbei verlernt werden? In vielen Vertriebsorganisationen herrscht noch der Stil, wer unsicher ist oder Sorgen hat, macht das mit sich selbst aus oder schluckt das runter. Hier braucht es eine neue Offenheit bei den Führungskräften, die gefördert werden sollte.

Selbstorganisationsfähigkeit

Bedingt durch eine steigende Komplexität, wird es als Vertriebsführungskraft unumgänglich sein, sich selbst gut zu organisieren und ein stimmiges Zeitmanagement zu leben. Dazu gehört, jede Aufgabe schnell auf Dringlichkeit und Wichtigkeit zu überprüfen, ganz nach dem Motto: »Was macht diese Aufgabe/Anfrage wirklich wichtig – und warum?« und »Was macht es dringend – und warum?«. Diese alte Kompetenz wird in Zukunft eine noch höhere Priorität haben, als bisher, denn nur wer gut organisiert ist, wird Grenzen setzten können und somit Zeit haben, die wichtigen Herausforderungen zu meistern.

Denken in Lösungen und Alternativen

Diese Kompetenz kennen viele Vertriebsführungskräfte schon aus der »alten« Welt und diese wird auch in Zukunft ebenso eine noch größere Rolle spielen: die Lösungskompetenz. Sie besteht darin, schnell ein Problem zu erfassen, zu analysieren und verschiedene Alternativen zu erarbeiten, um schlussendlich zu einem Lösungsweg zu kommen. Für das Denken in Alternativen empfiehlt sich das Wörtchen »noch« in der Frage: »Was kann das Problem darüber hinaus noch lösen?«, auch wenn man schon eine Antwort für sich und mit dem Team gefunden hat. Die Vertriebsführungskraft führt das Team in den Lösungsprozess für die zu lösende Herausforderung und lässt mindestens drei Lösungsalternativen erarbeiten.

Werden mindestens drei Alternativen erarbeitet, spiegelt das auch systemisch die Komplexität der Welt und des Problems wider. Vertriebsführungskräfte, die in

Alternativen denken, fordern und fördern ihr Team und folgen dem Satz: »Ab der dritten Alternative beginnt die persönliche Entscheidungsfreiheit.«

Delegationsfähigkeit

Seit Jahren trainieren wir Führungskräfte darin, ihre Delegationskompetenz auszubauen. Doch was gehört zu dieser Kernkompetenz in den agilen Zeiten? Im engeren Sinne geht es darum, die Eigenverantwortung und die Selbstorganisation der Mitarbeitenden und der Vertriebsteams zu entwickeln und zu fördern. Ein wichtiger Wert dazu ist Vertrauen, oder anders ausgedrückt, sich zu trauen, loszulassen und die Aufgaben dem Team verantwortungsvoll zu übergeben. Hier gibt es also häufig eine neue Aufgabe etwas zu ent-lernen, nämlich der Glaube, man selbst hätte i. d. R. die beste Lösung für eine Aufgabe im Kopf.

In dem Begriff Verantwortung steckt die Botschaft: »Wer hat für was eine Antwort zu suchen?«. Oft übernehmen die Vertriebsführungskräfte Verantwortung für die Lösung. Sei es aus Gewohnheit, aus Erfahrung oder weil sie denken, dass eine Antwort von ihnen erwartet wird. Das ist ähnlich wie, wenn Eltern die Idee hätten, die Hausaufgaben der Kinder zu machen, um gute Noten dafür zu bekommen. Aber die Kinder hätten damit natürlich nichts gelernt, weder aus den Fehlern noch aus dem Weg zum Erfolg. Eine wichtige Übung zur Entwicklung der Delegationsfähigkeit ist die Skalierung der Verantwortungsübertragung von Aufgaben.
Beispiel: Urlaubsplanung. Wie delegieren Sie das Thema Urlaubsplanung?

- Skala 1: Ich mache die Urlaubsplanung für meine Vertriebsmitarbeitenden selbst, denn dann ist Ruhe und Ordnung im Team.

- Skala 10: Das Vertriebsteam macht es komplett selbst.

Die Skalenwerte 2 bis 9 sind feine Abstufungen. Wie würden Sie entscheiden und warum? Gerade die Entscheidung über die persönliche Skalierung und das »Warum habe ich so entschieden?« mit Kolleginnen und Kollegen zu diskutieren, hilft einem selbst, immer mehr loszulassen und Vertrauen aufzubauen. Darüber hinaus können Sie mit Ihrem Team diese Skalierungen diskutieren und herausarbeiten, welchen Skalenwert das Team bei der Aufgabe Urlaubsplanung sich selbst zutraut und was es braucht, einen Skalenwert weiter nach oben zu gehen.

Team- und Kollaborationskompetenz

Die Zeiten des Einzelwettbewerbs im Vertriebsteam sind vorbei. Wo die Vertriebsführungskraft früher den Wettbewerb unter den einzelnen Mitarbeitenden gefördert hat und damit das gemeinsame Lernen im Team verhindert hat, setzt die moderne Führungskraft auf Teamarbeit und gemeinsames Lernen.

Die Vertriebsführungskraft unterstützt das Team beim gemeinsamen Lernen und ist Moderator oder Moderatorin des Teams. Wo früher »der Deal der Woche« vorgestellt und beklatscht wurde, wird die gemeinsame Zeit heute eher dafür genutzt, dass sich Mitarbeitende trauen, eine Fallfrage vorzustellen und die übrigen Teammitglieder erarbeiten Lösungen und Handlungsalternativen zur Frage und Problemstellung. Durch die Moderation fokussiert die Führungskraft auf das Ziel und das Ergebnis. Sie lernt die unterschiedlichen Sichtweisen auf das Problem – und die Lösungen – kennen und verbindet damit Aufgabe, Team und Individuum. Sie schafft so ein Klima von Offenheit und gegenseitigem Respekt, dass Ideen, auch wenn sie noch so ungewöhnlich sind, gehört und diskutiert werden können. Es braucht eine Kultur, in der Fehler zum Lernen da sind. So ermöglicht die Führungskraft einen Raum für kreative Innovationen.

Agile Kompetenz

Agile Methodenkompetenz

Fit for Future bedingt, dass die Werkzeuge der vertrieblichen Agilität auch beherrscht werden. Vertriebsführungskräfte können die Vertriebsorganisation nur in die Zukunft führen, wenn sie diese kennen und anwenden können. Hierzu zählen die Scrum-Methodik und somit die Durchführung von Retrospektiven und Reviews, Design Thinking, Kanban, das Einbeziehen von Kunden in den eigenen Entwicklungsprozess und vieles mehr.

Agiles Mindset

Grundlage einer agilen Führungskompetenz ist das agile Mindset, z. B. die Haltung, dass Führung auf Augenhöhe stattfindet, die Meinung der Führungskraft eben nicht, wie bei der klassisch-hierarchischen Haltung, »ein wenig bedeutender« ist, als die der Mitarbeitenden. Diese Haltung wäre kontraproduktiv, um Lösungen im Team zu fördern.

Die Rolle der Vertriebsführungskraft wird sich somit hin zu der Rolle eines Sales Coaches entwickeln und weg von dem tippgebenden, allwissenden Botschafter bzw. der ebensolchen Botschafterin. Der Glaube, dass Selbstorganisation und Eigenverantwortung wichtige Erfolgstreiber der Agilität sind, sowie das Wissen, dass Vertriebsführung klarere, strukturiertere Akzente setzen muss, sind relevant auf dem Weg in die Zukunft. Agilität bedeutet nicht: »keine Führung und Chaos«, sondern »klare Botschaften und klare Aufträge, die selbstorganisiert bearbeitet werden.«

Kompetenzen kultivieren und nachhaltige Entwicklung sichern

Einige der Kompetenzen aus der alten Welt können und sollen in die neue Welt mitgenommen werden. Allerdings müssen dabei einige Punkte ent-lernt werden, z. B. das Rollenverständnis einer Vertriebsführungskraft, für alles die Verantwortung zu tragen und alles zu wissen. Die neuen oder neu adaptierten Kompetenzen gehören als »Muss« benannt und nachhaltig gelernt. Um moderne Vertriebsführung umzusetzen, ist es aus unserer Sicht unumgänglich, sich mit den neu zu erlernenden Instrumenten intensiv zu befassen. Es braucht methodisches Wissen für die neue Vertriebsführung (agile Methodenkompetenz) und Führungskräfte, die als Sales Coaches agieren.

Wir möchten mit diesem Buch und unseren ifsm-Qualifizierungen zum Sales Coach Vertriebsführungskräfte in die Lage versetzen, die Ressourcen zu identifizieren und die Problemlösungskompetenz der Vertriebsmitarbeitenden und der Teams zu steigern. Sie werden spüren, dass Sie Ihre Selbstreflexionsfähigkeit verfeinern und die agilen Methoden nachhaltig einsetzen.

Im Hauptteil unseres Buches lernen Sie eine Vielzahl solcher Methoden kennen. Lassen Sie uns nun unseren Blick auf die Rolle der Mitarbeitenden richten und uns mit Lernen im Vertrieb auseinandersetzen. Denn Vertriebsführung in modernen Zeiten bedeutet immer auch Lernen und Rollen zu überdenken.

Die neue Rolle der Vertriebsmitarbeitenden der Zukunft

Sie als Führungkraft kennen nun die Kompetenzen, die es braucht, um auf Trends und eine sich verändernde Zukunft agil zu reagieren. Doch wie flexibel können Ihre Mitarbeitenden mit dieser Situation umgehen?

Ein zentraler Punkt wird sicherlich sein, wie Sie und Ihr Vertriebsteam diesen Trends und insbesondere auch den damit verbundenen Herausforderungen im Markt begegnen. Welche Einstellung haben Sie – und wie flexibel können Sie mit neuen Situationen umgehen? Immer noch sagen viele Mitarbeitende gegenüber neuen Herausforderungen: »Das ist doch nicht mein Problem, da sollte die Geschäftsleitung einmal Antworten finden!« Sicherlich müssen viele Entscheidungen und Weichenstellungen auch in den Vorstandsebenen getroffen werden, dies betrifft zum Beispiel die Rahmengestaltung für Zielvereinbarung und Rollenbeschreibungen für die Vertriebsführungskraft der Zukunft. Aber auch ohne diesen neuen Rahmen können Führungskraft und Team eine ganze Menge bewegen, um ein zukunftsfähiges Miteinander im Vertriebsteam und eine neue Rolle gegenüber den Kunden spielen zu können. Diese neue Rolle und die damit verbundenen Kompetenzen als Mitarbeitende zu identifizieren und mit freizulegen, wird eine entscheidende Aufgabe für Sie als Führungskraft in der Rolle als Sales Coach sein. Wenn dann Ihre Sales Mitarbeitenden selbstbewusst ein Verhalten zeigen und eine Einstellung leben, die es dem jeweiligen Kunden im Kontakt leicht macht, klar »ja« zur Beratung und »nein« zu E-Commerce zu sagen, ist man schon nachhaltig dabei, den Weg in die Zukunft zu gestalten.

Vertriebsmitarbeitende in der Zukunft müssen also einen echten Mehrwert bieten. Und das können sie. Wenn sie nur wissen, dass u. a. eine besondere, persönliche Art der kundenorientierten Hinwendung und Beratung mindestens eine wertvolle, zu entwickelnde Kompetenz ist, als Gegengewicht im Kundenkontakt zu den einfachen Klicks im Internet.

Wer sich allerdings davor scheut, wer gehemmt ist und angesichts der Datenfülle und der Informationsmöglichkeiten des Netzes resigniert, der wird der neuen Generation im Kundengespräch nicht auf Augenhöhe begegnen. Da helfen die vielen Gespräche zwischen Ihnen als Führungskraft und den Vertriebsmitarbeitenden, was alles zu tun sei und dass die Zahlen noch nicht stimmen, nur wenig. Wer Ängste, Sorgen oder gar einen Widerwillen hat, wird diese nicht mit den Tipps zur Seite legen. Hier braucht es von Ihrer Seite eine andere Art der Unterstützung.

Bei dem Thema Widerstand sind nicht Sie der Experte, sondern Ihre Mitarbeitenden. Was in erster Linie unterstützt, ist ein einfühlsames Hinhören. Hinhören ist hier mehr als Zuhören! Wie Sie solche Gespräche führen und wann sie sinnvoll sind, dazu später mehr.

Es ist sinnvoll, dass jeder Ihrer Mitarbeitenden im Team oder mit Ihnen seine ganz persönliche »Vertriebs-Strategie« entwickelt. Es braucht eine passende Methode und persönliche Kompetenzen, wie man den Trends der Zukunft begegnen will.

Beziehungsmanagement als Antwort?

Warum ist es für viele Kunden heute schon bequemer, ohne Inanspruchnahme eines Verkäufers oder einer Verkäuferin zu kaufen?

Kunden haben Erfahrungen und Vorbehalte, die Sie von Verkäufern und Verkäuferinnen abhalten, zum Beispiel:

- Der will mir nur was »vertickern« und denkt an seinen eigenen Vorteil!
- Ich weiß sowieso schon, was ich brauche, da benötige ich keine Beratung!
- Die hat Methoden trainiert, die mich manipulieren sollen! Vorsicht!
- Die müssen ja auch nur Ihre Zahlen erfüllen. Kann man da noch von Beratung sprechen?

- Warum soll ich die bezahlen? Ich kann es doch schneller und günstiger im Internet abschließen.

- Das Internet ist sicher objektiver als ein Verkäufer!

Und dennoch entscheiden sich immer noch Menschen – auch jüngere Menschen – für einen Vertriebsmitarbeitenden und haben dabei ein gutes Gefühl. Sie würden bei diesem Produkt nicht ins Internet gehen, selbst wenn es dort günstiger ist. Sie suchen diese eine Person auf, die ihr Vertrauen genießt, und bei der sie sich für ein Produkt entscheiden und es auch dort kaufen.

Wie kommt das? Eine Antwort ist: »ehrliches Beziehungsmanagement« – das gilt heute, wie in der Zukunft, davon sind wir überzeugt. Ehrliches Beziehungsmanagement entspringt einer Haltung, die den Vorteil des Kunden in den Vordergrund stellt. Ehrliches Beziehungsmanagement und hohes Fach-Know-how (Markttransparenz und Spezialistenwissen) sind die Grundpfeiler für einen erfolgreichen Vertrieb. Das klingt so logisch und so einfach, stellt aber gleichzeitig vieles, was Vertriebsmitarbeitende im Berufsalltag tun müssen, in Frage.

Ein paar Beispiele:

- Es ist zum Beispiel nachweislich für das Beziehungsmanagement eher hinderlich, wenn »antrainierte« Floskeln ins Beratungsgespräch einfließen, um eine gute Beziehung zum Kunden herzustellen. Floskeln, wie: »…ich kann Sie sehr gut verstehen…«, wirken kontraproduktiv, wenn sie als gekünstelt erlebt werden und nicht wirklich einer verständnisvollen Haltung entspringen.

- Es wirkt beziehungsstörend, wenn Mitarbeitende aus einem äußeren Zwang heraus im Beratungsgespräch direkt einen »ganzheitlichen Fragebogen« ausfüllen oder ein Tablet nutzen, um eine onlinebasierte Abfrage beim Kunden durchzuführen, um den Zielen des Unternehmens gerecht zu werden. »Wir haben da jetzt so eine Online-Umfrage zu Ihren Bedürfnissen, die würde ich gerne mal mit Ihnen durchgehen«. Ein solcher Fragebogen kann hilfreich sein, wenn eine Beziehung aufgebaut ist, er kann aber kein Ersatz für ein gutes Verkaufsgespräch darstellen.

- Das eigene Produkt, die eigene Firma in den Himmel zu loben und alle Produkte der Firma als High-End-Quality-Produkte anzupreisen, fördert eher Misstrauen. Wenn hingegen eine Verkäuferin oder ein Verkäufer sagt: »Bei Ihren Anforderungen, die Sie mir sehr deutlich beschrieben haben, würde unser Produkt nur ungenau passen. Ich würde Ihnen raten, gehen Sie da mal zu…(Mitbewerber). Wir kommen dann zu einem anderen Zeitpunkt zusammen«, gewinnt er an Vertrauen.

- Die vertrauensvolle Beziehung zum Kunden wird auch nicht unterstützt, wenn Kunden »Geburtstagsbriefe« mit Faksimile-Unterschrift des Vertriebsmitarbeitenden erhalten.

- Und es ist auch vertrauenszerstörend, wenn Vertriebsmitarbeitende bei offensichtlichen Pannen in der Firma um die Hintergründe herumreden, weil sie angehalten wurden, die wahren Ursachen nicht offen zu legen.

Es gibt noch etliche Beispiele mehr, die erwähnt werden könnten. Ziel eines zukunftsorientierten Vertriebs muss es sein, alle Kraft in ein ehrliches, vertrauensvolles Beziehungsmanagement zu setzen.

Bevor wir weiter auf diese Thematik eingehen, bitten wir Sie einmal über folgende Frage zu reflektieren:

Was bedeutet »Verkaufen« für Sie/für Ihre Mitarbeitenden? (Schreiben Sie Ihre persönliche Definition nieder!)

____

____

____

____

Manche unserer Teilnehmenden antworten auf diese Frage:

- »Verkaufen bedeutet: die Kunden zu knacken« oder
- »Ich versuche, meinen Kunden so zu begegnen, dass sie etwas kaufen, was sie eigentlich nicht brauchen« (meist mit einem Lachen auf dem Gesicht),
- »Verkaufen heißt für mich, meine eigenen Ziele und die des Unternehmens zu erfüllen«
- aber auch: »Verkaufen heißt, Kunden einen Mehrwert bieten!«

Spannend ist vor diesem Hintergrund auch, welche Definition von Verkauf Ihre Mitarbeitenden haben. Denn die Antwort darauf ist der Treiber des eigenen Handelns, sprich die innere Überzeugung, die handlungsleitend ist.

Vertriebsmitarbeitende, die es im Verkauf darauf anlegen, Kunden »zu knacken«, nutzen die direkte Beziehung und ihre fachliche Überlegenheit als Waffe, um Kunden in ihrer Unbedarftheit und Angewiesenheit zu besiegen. Doch meist spüren Kunden, dass ihre Anfragen und Probleme nur auf das Verkaufsergebnis hin sortiert werden. Folgende Situation haben wir bei einem Auftrag erlebt. Wir haben einen Vertriebsmitarbeiter gecoacht und ihn bei seinen Kunden begleitet. Nach einer Aufwärmphase, die gestellt wirkte, sagt der Verkäufer zum Kunden: »So, jetzt kommen wir mal zu dem Punkt, warum ich eigentlich hier bin!« Die Aufwärmphase war also nur Mittel zum Zweck, sprich: Das Geschäft zu machen und den Kunden zu knacken. Der Kunde reagierte mit deutlichem Unwohlsein und suchte nach einem Weg, sich möglichst höflich der Konfrontation mit diesem Verkaufscowboy zu entziehen. Vielleicht wusste dieser nicht, dass…

»VERTRIEB nicht von (den anderen) VERTREIBEN kommt!«

An dieser Stelle könnte man gut den ehemaligen Vorstand der Deutschen Bank, Alfred Herrhausen, zitieren, der sagte »Handlung wird durch innere Haltung begründet«.

Die Frage steht im Raum:

Wie soll ein Kunde von einem Internetkauf abgehalten werden, wenn schon die Grundlage für den Kauf, nämlich die Beziehung, suboptimal ist?

Welche Haltung könnte nun dienlich, was könnte eine handlungsleitende Überzeugung sein? Wir bieten Ihnen hier unsere Überzeugung an: Verkaufen heißt,

»den Menschen im Kunden zu gewinnen – und Ziele zu erreichen«.

Aus dieser Überzeugung heraus leiten sich viele unserer Handlungsoptionen während des ganzen Verkaufsgespräches ab, von der Beziehungsgestaltung über die Einwandbehandlung bis hin zum Abschluss.

Wer den Menschen gewinnt, erforscht die Gründe, die das Gegenüber abhalten, heute zu kaufen. Wer den Menschen gewinnt, erfährt, was sie oder ihn am Internet reizt und welche Kriterien, neben dem Preis aus der Preissuchmaschine, für diese Person zählen.

Wer Kunden nicht als Objekte der Ertragsgestaltung sieht, ist wesentlich freier in der Beziehungsgestaltung.

Was heißt das nun für Sie als Vertriebsführungskraft?

- Sie sind nicht in der Rolle als Inputgeber/-in gefordert. Sie erklären also nicht, wie Beziehung zu gestalten ist, damit mehr Umsatz kommt, sondern Sie bringen als Sales Coach Ihre Mitarbeitenden durch Fragen zu einer eigenen Lösung. Indem Ihre Mitarbeitenden selbst erkennen, welche Auswirkungen ihre innere Überzeugung auf die Kundenbeziehung hat, entsteht ein »Teachable Moment«, eine Bereitschaft für Neues, für Kreatives, für Ideen, den Weg in die Zukunft zu gestalten.

- Sie sind als Vorbild gefordert, den eigenen Führungsprozess auf Ihre persönlichen Überzeugungen hin zu überprüfen. Manche verbinden den Begriff und die Rolle »Führungskraft« mit »da muss man kräftig führen«. Führung könnte auch heißen, den Menschen in Ihrer Mitarbeiterin und in Ihrem Mitarbeiter zu gewinnen, um vertrauensvoll und ehrlich zusammenzuarbeiten.

So wird es auch möglich, den Mitarbeitenden so zu begegnen, dass echte Lernförderung im Sinne eines Sales Coachings möglich wird.

Was ist nun Sales Coaching konkret und wie kann ich als Führungskraft Lernen im Vertrieb fördern?

Das Lernmodell im Sales – Sales Kompetenz entwickeln

Was Vertriebsmitarbeitende heute und in der Zukunft lernen oder nicht lernen, bestimmen die Mitarbeitenden ausschließlich selbst!

Wenn wir diese Aussage akzeptieren, wird schon klar, dass viele der gegenwärtigen Lernkonzepte im Vertriebsalltag höchst ineffektiv sind. Es gibt selbst heute noch Unternehmen, die bei Nicht-Ziel-Erfüllung in einer Produktsparte Vertriebsmitarbeitende zu »Strafschulungen« am Samstag anrücken lassen. Unsinniger kann man die Zeit von Lehrendem und Lernenden nicht vergeuden. Aber auch die meisten anderen Trainings- oder Lehrkonzepte basieren auf einem »inputgetriebenen« Lernmodell. Hier bestimmt der Lehrende zusammen mit dem Auftraggeber (Vertriebsleitung) die Lernziele und die Herangehensweise.

Hierzu ein Beispiel, dass den typischen Reflex im Vertriebslernen verdeutlichen soll:

> In einem Industriehandelsunternehmen wurde ein neues Produkt – wir nennen es hier einmal X-Style – eingeführt. Die Vertriebsleitung versprach große Absatzchancen, da der Mitbewerber das gleiche Produkt bereits in anderen Regionen sehr erfolgreich abgesetzt hatte. Nach einigen Wochen wurde jedoch festgestellt, dass der Absatz von »X-Style« überhaupt nicht in die Gänge kam. Die direkten Führungskräfte der Vertriebsmitarbeitenden sprachen davon, dass man sich mit dem Verkauf des Produktes schwertue, die Kunden es nicht annehmen würden und man lieber auf »altbewährte Produkte« zurückgreifen würde.
>
> Die Unternehmensleitung sah jedoch, dass »X-Style« beim Mitbewerber mittlerweile zu dem Erfolgsmodell lancierte und gleichzeitig die Erträge aus dem Verkauf sehr lukrativ waren.

Die logischen Schlussfolgerungen der Geschäftsleitung waren:

- Unser Vertrieb hat das Produkt noch nicht verstanden, bzw. nicht genügend durchdrungen.
- Der Vertrieb ist sich vielleicht noch unsicher in Beratung und Verkauf des neuen Produktes.

Daraus resultierte dann ein Auftrag an den Lieferanten, das Produkt noch einmal in einer neuen Präsentation/Schulung aufzubereiten, die Chancen und Vorteile zu vermitteln und daran anschließend ein Verkaufstraining mit den Mitarbeitenden zu veranstalten. Klare Botschaft in dem Verkaufstraining: »Wie kann ich, als Berater mit gezielter Fragetechnik und Rhetorik, Kunden von dem Kauf alter Produkte wegbringen und den Kauf von X-Style-Produkten forcieren?«

In einer Unternehmenskultur, die stark autoritär geprägt ist, wie in diesem Unternehmen, wurden keine offiziellen Widerstände gegen das Verkaufstraining geäußert. Im Gegenteil, das offizielle Feedback auf die Veranstaltung war positiv. Trotzdem kam es auf den Fluren und in den Kaffeeküchen zu folgenden Äußerungen: »Die wollen, dass ich jetzt den Kunden manipuliere, das mache ich nicht…«, »Wegen den besseren Gewinnausrichtungen verkraule ich mir doch nicht die Kunden…«.

Der Verkaufserfolg stellte sich nun bei einigen Mitarbeitenden mehr und mehr ein. In der Masse blieben die »Strafschulungen« jedoch wirkungslos, sodass Mitarbeitende, die früher einmal als »vertriebsstarke A-Leister« angesehen wurden, nun, in den Augen der oberen Führungskräfte, beim Vertrieb von X-Style versagten. Die Äußerungen dieser Führungskräfte lauteten: »Die kommen nicht mehr mit und erkennen nicht den Lauf der Zeit! Mit der Einführung von X-Style haben wir die verloren«. Das neue Produkt, welches mangelhaft eingeführt wurde, ist so auch noch zur Karrierefalle für leistungsstarke Verkäuferinnen und Verkäufer geworden.

Professor Dr. Arnold von der Universität Kaiserslautern nennt den hier beschriebenen Ansatz der Erwachsenenpädagogik »inputgetrieben«! Wer von Ihnen in der Schulzeit erfahren musste, wie wirkungslos es ist, wenn bei einem Versagen in der Schule der elterliche Reflex »Nachhilfe« zugreift, weiß wovon wir hier reden. Die Wirksamkeit von Nachhilfeunterricht ist nur dann hilfreich, wenn dieser vom Schulkind auch wirklich gewollt ist. Die hier angeordneten Schulungen vom Hersteller des Produktes X-Style waren jedoch für viele Mitarbeitende »ungewollter Input«. Da sie zu einem großen Teil erfahrene Vertriebsmitarbeitende waren, wäre ein zukunftsorientiertes »Outcome-Lernmodell« (vgl. Arnold) hilfreicher gewesen. Ein Outcome-Lernmodell holt die Lernenden in ihrer Erfahrungswelt ab, stellt sie vor Herausforderungen, die es zu meistern gilt und integriert die Lernenden bei der

Entwicklung des Lösungsweges.
Das Industriehandelsunternehmen hat in dem Beispiel mit dem reflexartigen »Input-Lernmodell« leider Ressourcen (Zeit, Motivation) und damit auch eine Menge Geld (direkt und indirekt) auf dem Weg in die Zukunft verloren.

Anstatt Seminare zu veranstalten, wäre es hilfreicher gewesen, wenn die erfahrenen Vertriebsmitarbeitenden mit den Führungskräften in gemeinsamen Treffen eine Strategie erarbeitet hätten:

- Was ist die neue Herausforderung?

- Wie können wir unsere vorhandenen guten Ressourcen nutzen? (Statt die Fähigkeiten der Mitarbeitenden anzuzweifeln!)

- Was spricht gegen das neue Produkt? Widerstände und Einwände abholen und ernst nehmen!

- Was können wir von den Erfolgen der anderen dennoch lernen?

- Welche Veränderungen könnten eine Lösung unseres Problems darstellen?

- Wie können wir uns auf diese Lösung vorbereiten, was sollten wir trainieren?

Diese Art von Lernprozess musste nachgeholt werden, was sicher mehr Kraft gekostet hat – aber dennoch den Effekt hatte, dass viele Vertriebsmitarbeitende, die vorher wegen mangelhafter Ergebnisse im »X-Style« Absatz als schwach gegolten hatten, mittlerweile wieder bessere Verkaufserfolge erzielen.

Wenn wir dieses Vorgehensmodell näher betrachten, geht es hier nicht darum, die Lernziele und den Input aufgrund des festgestellten Defizits zu bestimmen. Viel mehr steht im Fokus, die Herausforderung anzunehmen und mit den Beteiligten gemeinsam auf die Suche nach dem »Teachable Moment« (vgl. Coachingmodelle von Dr. Wolfgang Looss) zu gehen.

Was ist das, ein »Teachable Moment«? Es ist für uns der Moment, in dem die Mitarbeitenden innerlich sagen:

- **Ja, das will ich lernen.**
  - Das wäre gut, eine Freude, ein Gewinn für meine Arbeit/mein Leben.
  - Hier geht es um Sehnsucht, um Lust und Freude an einer Sache, einer Methode (Lustprinzip).

- **Ja, das will ich ändern.**
  - Ich bin das alte Vorgehen leid und verspreche mir Verbesserung.
  - Hier geht es um Unerfülltsein, Langeweile, Schmerz, um das Entkommen aus einem unbefriedigenden oder sogar gefährdenden Zustand (Fluchtprinzip).

Wie ermöglicht die Führungskraft in der Rolle als Sales Coach einen »Teachable Moment«?

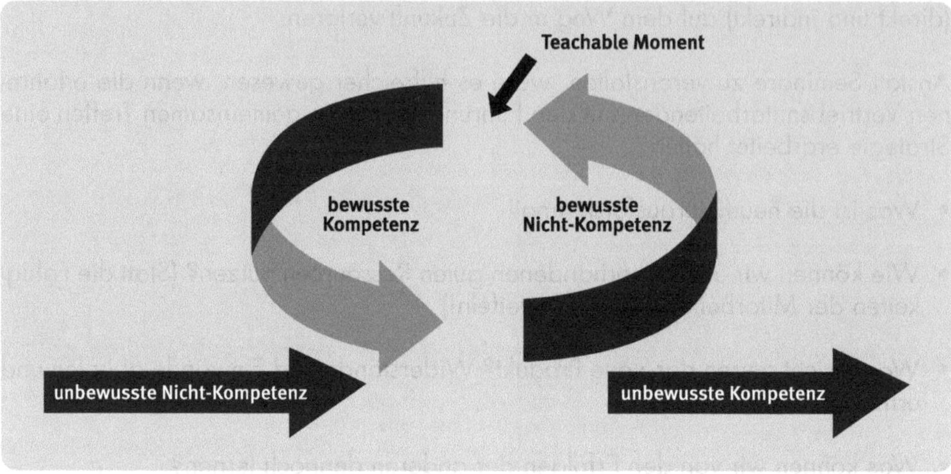

Wenn wir Verhaltenslernen im »Outcome-Modell« einmal in vier Schritte unterteilen, können wir folgende Entwicklungsstufen festhalten:

1. Stufe: Unbewusste »Nicht-Kompetenz«

Die Verkäuferin oder der Verkäufer hat einen bestimmten Weg, die eigenen Produkte zu verkaufen. Im Laufe der persönlichen Entwicklung hat sie oder er auch Routine entwickelt und eine innere Gewissheit: **»Dies ist der richtige Weg, um individuellen Erfolg zu haben!«** Die Suche nach anderen Handlungsmöglichkeiten erscheint nicht nötig. Mit der »Brille der Gewissheit«, also der Sichtweise, dass der eigene Weg der richtige ist, gibt es keine Notwendigkeit, nach besseren Möglichkeiten Ausschau zu halten.

Um nun lernen zu können, braucht es **eine Herausforderung,** eine neue Aufgabe, die verunsichert und bei der die bisherigen Methoden nicht so störungsfrei funktionieren. Diese kann wie in dem vorher bezeichneten Beispiel das neue Produkt »X-Style« sein, oder auch höhere Ziele oder ein anders gestalteter Verkaufsprozess. Aber diese Herausforderung werden Mitarbeitende natürlicherweise nur aus der individuellen Brille der Gewissheit beobachten und treffen dann – je nach Typ – eine der folgenden Entscheidungen:

- Die **Alleskönnenden:**
  »Jede Herausforderung kann ich leicht mit meiner Erfahrung meistern, ich brauche keine Hilfe«

- Der **Lernwillige:**
  »Für dieses neue Produkt brauche ich aber eine Schulung und viel Informationen!«

- Der **Bequeme:**
  »Da sollen die mal selbst mit klarkommen. Ich mach so weiter, wie bisher. Ich kann ja erwähnen, dass wir jetzt auch so ein X-Style dazu bekommen haben.«

- Der **Kläger:**
  »Das hätte das Unternehmen nicht machen sollen. Wir sollen den Mist jetzt verkaufen?«

In den vorgenannten Fällen ist die Führungskraft in der Rolle als Sales Coach gefordert. Vielleicht würden Sie sagen, die »Lernwilligen« sind doch die geeigneten und besten unter Ihren Mitarbeitenden?! Nun denn, Lernwillige sind sicherlich einfacher zu führen als die anderen Typen. Es wäre jedoch voreilig, sie vor dem Beginn des Prozesses schon zu den Besten zu erklären. »Entscheidend ist, was hinten rauskommt«, wusste Helmut Kohl. Die Frage bleibt, ist diese Aussage des Mitarbeitenden ernst gemeint und der Teachable Moment schon da, oder ist das nur vorgeschoben, als Taktik. Dann braucht es noch etwas für die Bereitschaft zum Lernen.

2. Stufe: Bewusste Nicht-Kompetenz

In dieser Stufe erhalten Lernende einen Impuls von außen, an dem sie sich ausprobieren können. In der Realität, z. B. einer Unternehmensveränderung ohne hinreichende Begleitung, ist das oft der erzwungene, ungeplante Sprung ins kalte Wasser. Die oder der Mitarbeitende soll etwas verkaufen, ohne davon überzeugt zu sein. Es soll eine Methode angewendet werden, die nicht vertraut ist. Mitarbeitende treffen z. B. auf Klienten, mit deren Dialekt, Kultur, etc. sie nicht umgehen können. Für diese Situation nicht gewappnet zu sein, kann als sehr frustrierend empfunden werden, wenn das Handwerkszeug fehlt und die alte Souveränität dahin schmilzt, weil die gewohnte Methode der Kundenbetreuung nicht mehr klappt. Nach Phasen von Irritation und Widerstand kann es dann zu einem Teachable Moment kommen. Das kann aber dauern, vorher wird oft die Schuld des Nichtkönnens im Außen gesucht und gefunden.

Was ändert sich, wenn das Lernen geplant und kontrolliert verläuft. Z. B. kann das eine Erfahrungsübung in einem Training oder Coaching, ein Live-Gespräch mit anschließendem Feedback oder eine Beobachtungsübung sein. Wichtig ist, dass Lernende sich auf diese Erfahrung einlassen und dies das eigene Interesse weckt. Feedback kann in diesem Zusammenhang nur dann wirken, wenn die Beziehung zwischen der feedbackgebenden Person, also Ihnen, in der Rolle als Sales Coach, und der feedbacknehmenden Person auch gefestigt ist.

Die Verkäuferin oder der Verkäufer erfährt in dieser Entwicklungsstufe, dass Veränderung möglich ist und sich das sogar gut anfühlt. Je nach Lerntyp (»Lernwillige«, »Alleskönner« etc.) kann im Gespräch eine eigene Sehnsucht nach einem EIGENEN neuen, zukunftsorientierten Weg entstehen, um erfolgreicher zu werden. Gerade diese Stufe ist manchmal nicht einfach, aber sehr wichtig für den Teachable Moment, denn ohne diese eigene Sehnsucht von Verkaufsmitarbeitenden sind Entwicklungsmaßnahmen nur vergeblicher INPUT, sprich Zeit- und Geldverschwendung«.

Im Gespräch mit Ihnen als Führungskraft ist nun zu prüfen, ob die Person bereit ist, dieses Feedback umzusetzen und wie ein konkretes Veränderungsziel aussehen könnte.

3. Stufe: Bewusste Kompetenz nach dem Teachable Moment

In dieser Entwicklungsstufe fungiert die Führungskraft als Coach oder Trainer/-in. Auf der einen Seite geht es nun darum, durch lösungsorientierte Reflexion im Gespräch, neue Schritte zu finden, um erfolgreicher zu werden. Manchmal agiert die Führungskraft hier aber auch als Inputgeber. So können Werkzeuge vermittelt oder auch Formulierungshilfen sehr hilfreich sein, sofern sie die Authentizität der Verkäuferin oder des Verkäufers unterstützen und nicht »antrainiert« wirken. In dieser Phase ist die Führungskraft auch häufig Rollenspielpartner/-in und schlüpft in die Rolle des Kunden oder/und auch in die Rolle des Verkäufers. So werden soeben erlebte Gesprächsszenen aus dem Live-Gespräch noch einmal nachgestellt und trainiert.

Spielerisch und kreativ kann so die Verkaufs-Kompetenz des Mitarbeitenden entwickelt werden, da Lernen nun auf fruchtbaren Boden fällt.

4. Stufe: Unbewusste Kompetenz

In dieser Phase wird ein Umsetzungsziel für die Praxis vereinbart und Kontrollschritte besprochen, damit aus der bewussten Kompetenz Schritt für Schritt eine »unbewusste Kompetenz« werden kann.

Im Führungsalltag werden nun Reflexionsgespräche durchgeführt und die weiteren Erfolgsfaktoren für die Umsetzung vereinbart. In dieser vierten Stufe ist es besonders wichtig, dass Sie als Sales Coach auf das fokussieren, was umgesetzt wurde und nicht auf das, was noch nicht umgesetzt ist. Wenn diese Erfolgsfaktoren erreicht sind, ist das Verhalten erfolgreich integriert worden und aus der Unbewussten Inkompetenz ist eine Unbewusste Kompetenz geworden. Unbewusst nicht im Sinne von »ahnungslos«, sondern im Sinne einer integrierten Haltung und Verhaltensstrategie. So wie Sie ja sicher wissen, dass Sie atmen – aber es – außer nach einem Tieftauchgang oder bei speziellen Meditationen – im Normalfall nicht »bewusst« tun.

Wenn Sie diese vier Schritte in Ihren Lerninterventionen im Führungsalltag beherzigen, können Sie erfolgreich Lernimpulse fördern.

Bevor Sie aber im Sales Coaching tätig sind, sollten sie...

a) ...wissen, wie Sie die Rolle als Sales Coach in den Führungsalltag integrieren können und
b) ...wie Sie diese Rolle im Team einführen.

Darum wird es im nächsten Kapitel gehen.

Teil 2

Sales Coaching im Führungsalltag – So gelingt Ihr Start im Team

Die gelernten Inhalte und Praxisarbeiten innerhalb der Business- und Sales Coach-Ausbildung bei ifsm haben für mich absoluten Mehrwert generiert. Nach etlichen Jahren als Führungskraft im Vertrieb ist es mir sehr leicht gefallen, den bewussten Rollenwechsel von der Führungskraft hin zum Coach zu vollziehen. Der gezielte Einsatz der erlernten und wirkmächtigen Interventionen stiftet meinen Coachees heute einen wirklichen Nutzen: Hindernisse und Blockaden werden sichtbar; Vorhandene, bislang verschüttete Ressourcen treten hervor und können wieder wirksam zur Erreichung der Ziele eingesetzt werden.

Stephan Menzel,
Business- und Salescoach im Key Account Management, RECA NORM GmbH

Warum lassen sich Sales Coaching und Führung vereinbaren?

Am Abend eines Führungskräfteseminars für Vertriebsmitarbeitende trafen sich die Teilnehmenden noch an der Bar und eine breit angelegte Diskussion über die Themen Führung und Coaching entstand.

Die Bandbreite der Meinungen, ob eine Führungskraft auch ein Coach sein kann und darf, war groß – hier prallten viele Vorstellungen aufeinander. Ein oft benanntes Thema, warum das nicht möglich sei, war die Abgrenzung zwischen dem klaren Führen und Entscheiden auf der einen Seite und dem vertrauensvollen Hinwenden zum Mitarbeitenden auf der anderen.

Hier liegt sicherlich die Herausforderung für viele Führungskräfte. Wie kann ich in der Rolle als Führungskraft, und auch als möglicher Sales Coach, klar und eindeutig sein? Wann beginnt Coaching und wann endet es, wann rede ich aus der einen, wann agiere ich aus der anderen Rolle?

Die beiden Rollen fordern von Ihnen auch den Spagat zwischen Ihrer Aufgabe als Führungskraft (Verkaufsziele terminiert erreichen) und Coach (individuelle Lerngeschwindigkeiten berücksichtigen und die nötige Zeit für wirkliches Lernen zur Verfügung zu stellen). Es braucht also hierfür eine neue Führungsrolle, die des geduldigen, ressourcenorientierten Coachs. Wie soll das zusammengehen?

Ein Teilnehmer aus der Automobilbranche erzählte, dass in seinem Unternehmen rein nach Kennzahlen geführt werde. Es beginne im Herbst, wenn die Planungen für das nächste Jahr anliefen. Zu diesem Zeitpunkt würde seine Vertriebsführungskraft die Ziele »von oben« bekommen und sie dann einfach auf seine Vertriebsmannschaft herunterbrechen.

Auf die Frage, wie er das erlebe, antwortete er: »Dies ist nicht unbedingt motivierend und durch die vielen Kennzahlen, sprich Kontrollen, spüre ich stets ein Misstrauen meines Chefs, ob ich auch ja jeden Tag arbeite. Er führt mich immer nur über diese Matrix, dauernd nur Ergebnisrecherche. Ich fühle mich da richtig gläsern und kontrolliert. Ich mache jedenfalls oft Dienst nach Vorschrift und meine Kollegen auch. Nach unserer Meinung wird sowieso nie gefragt.«

Einige Seminarteilnehmende bestätigten, dass in ihrem Unternehmen die Kennzahlen und das tägliche Controlling der Kundenaktivitäten immer mehr im Mittelpunkt stehen würden. Dabei spielt vor allem die Quantität eine Rolle – die Qualität wird selten gemessen.

Ist diese Art zu führen der Weg, den anfangs genannten Trends flexibel zu begegnen? Nein! Ziele sind wichtig.

Ja! Aber die Art und Weise, wie geführt wird, hat eine direkte Wirkung auf die qualitative Vertriebsleistung.

Beide Antworten sind richtig.

Richtet sich die Leistungserbringung der Mitarbeitenden dann eher an der Quantität als an der Qualität und dem Beziehungsmanagement aus, kann dies für das Unternehmen entscheidend sein. Denn auch Kunden spüren, dass das Augenmerk auf Masse, statt auf der Qualität der Begegnung liegt. In einer qualitätsorientierten Gesellschaft mit wachsender Sorge um Nachhaltigkeit der Produkte, einer veränderten Wertorientierung zum Thema Beratung und der Möglichkeit sich schnell zu informieren, wird es einem solchen Unternehmen und dessen Vertriebsmitarbeitenden schwerfallen, von ihren Kunden als »wertvoll« wahrgenommen zu werden.

Wir sind davon überzeugt, dass im Verkauf folgende Rechnung aufgeht:
Optimale Beziehungsgestaltung zum Kunden + Werthaltige Beratungsqualität = Top-Quantität im Vertrieb

Deshalb ist es notwendig, Sales Coaching als eine Kultur des Förderns von Beziehungs- und Beratungsqualität im Unternehmen einzuführen. Ein Controlling der Vertriebsergebnisse ist oft durch die Controlling-Abteilung direkt und online-basiert auf Team- oder Einzelmitarbeitenden-Basis möglich. Es braucht heute nicht mehr die Führungskraft, die einen an die Erreichung der Ziele erinnert.

Die Vertriebsführungskraft geht mit dem Sales Coaching Ansatz konsequent weg von »Ratschlägen«, die oft auch nur »Schläge« eines »Besserwissers« sind. Was erreicht werden soll, ist eine Kultur, in der von der Führungskraft mit Fragen geführt wird, um bei den Mitarbeitenden andere Sichtweisen oder alternative Vorgehensweisen zu ermöglichen. Die Person, die als Vorgesetzte die Mitarbeitenden führt, weiß nicht alles besser, kann nicht alles besser und muss nicht alles besser können. Aber sie fragt nach. Sie hört hin. Sie schaut hin. Und so sieht, hört und spürt sie die Fragen, die sich dem Unternehmen und den Mitarbeitenden in der Gegenwart und mit Blick auf die Zukunft stellen. Und so sieht, hört – und formuliert sie zusammen mit ihren Mitarbeitenden die Lösungsmöglichkeiten und die Strategie, mit denen den neuen Herausforderungen entgegengetreten werden kann.

Es entsteht eine Führungskultur, die darauf baut, dass die Mitarbeitenden voller Ressourcen und Erfahrungen sind, die nur geweckt werden wollen. Dies ist eine Kultur der Wertschätzung und der Zielverfolgung. Unternehmen, die die Wertschätzung auf dem Weg der Zielverfolgung außer Acht lassen, werden in einer vernetzten, kritischen Gesellschaft auch schnell das Ziel verfehlen.

Warum nicht mit den Mitarbeitenden herausarbeiten, wie sie ihre Ziele verfolgen wollen? Fragen wie: »Welche Wege wollen Sie gehen, um die Ziele zu erreichen? Was braucht es heute schon, um den Weg in die Zukunft zu gestalten? Welche Hürden sehen Sie? Wie können Sie und wir diese bewältigen?«
Vertrauen schafft Vertrauen! Vertrauen bewirkt Motivation! So wird das Individuum gefördert und gefordert.

Moderne Führungskultur, die die Menschen auf den Weg in die Zukunft mitnimmt, ermöglicht, dass die Fähigkeiten der Mitarbeitenden aus sich heraus entwickelt werden und daraus Selbstbewusstsein und Selbstwertgefühl entstehen – die Kraft entsteht von Innen. Wer wirklich wissen will, wo die Schätze der Mitarbeitenden liegen, wo die Kreativität ist, die so wichtig für den Weg in Richtung Markt der Zukunft ist, muss ganz nah dran sein. Die Führungskraft muss die Mitarbeitenden fragen und darauf vertrauen, dass alles, was sie benötigen, in ihnen liegt.

Wie lassen sich nun die Aufgaben einer Führungskraft, Ziele zu verfolgen und Ergebnisse zu erreichen, mit der Rolle des Sales Coaches vereinen?

Das Team ins Boot holen: Mit guter Interaktion und Kommunikation Lernen ermöglichen

Letztendlich entscheiden die Haltung, das Wissen und das Können über den Erfolg Ihrer Vertriebseinheit. Von daher ist es wichtig, dass Sie als Führungskraft entsprechendes »Lernen« ermöglichen. Nur so können Wissen, Können und eine erfolgreiche Haltung ausgebaut und entwickelt werden.

Bevor wir aber dazu kommen, möchten wir einen kleinen Vergleich zur Rolle der Führungskraft anführen.

Die Rolle des Sales Coaches. Oder: Was Sales Coaching mit Fußball zu tun hat.

Ein Bundesligateam wird im Wesentlichen von zwei Personen geleitet

- vom sportlichen Manager, der Gehälter verhandelt, Spielereinkäufe tätigt, Verträge und Boni aushandelt und
- vom Trainer, der das Team aufstellt, trainiert und die Erfolge und Misserfolge reflektiert (um nur einige Aufgaben zu benennen).

Welche Rolle ist aus Ihrer Sicht die Rolle, die einer direkten Vertriebsteamführungskraft näher kommt?

Der Trainer ist wichtig, weil er das Lernen und die Entwicklung des Teams unterstützt – er ist der Dirigent des Teams und muss jeden Spieler nach seinen individuellen Stärken und Schwächen fordern und fördern. Ein Manager sichert die Zahlen des Vereins im Hintergrund und muss die Wirtschaftlichkeit des Vereins sicherstellen. Im Endeffekt sind also beide Rollen wichtig.

Überträgt man dieses Beispiel auf ein Vertriebsteam, dann findet sich die Vertriebsführungskraft in ihrem beruflichen Alltag in der Regel in beiden Rollen wieder. Die Frage ist allerdings, wie stark sieht sie sich in diesen beiden Rollen bzw. nimmt sie diese Rollen beide aktiv wahr.

Manche Führungskräfte sehen sich dabei übrigens typischerweise noch sehr stark in einer dritten Rolle, nämlich als Spieler. Sie stehen ständig noch mit auf dem Feld, wenn es um Kundenakquisition geht.

Wie auch immer, ob sie drei Rollen (Spieler, Trainer und Manager) oder nur zwei Rollen haben (Trainer und Manager), in diesem Buch möchten wir mit Ihnen ergründen, warum die Rolle des (Fußball-)Trainers, der ja auch oft Coach genannt wird, in der Zukunft so entscheidend ist und warum wir sicher sind, dass Sie die Rolle als Coach unbedingt stärken sollten. Wie schon vorher erwähnt, ist die Rolle des Managers im Grunde nicht mehr in der Form nötig, wie früher. In vielen Unternehmen können sie diese Rolle aber nicht abgeben, da der Rahmen noch sehr traditionell ist. Dann ist es wichtig, Ihrem Team diese Rollen als unterschiedliche Rollen zu verdeutlichen.

Dafür kann das folgende Bild sehr hilfreich sein. Sie können einen visualisierten Vortrag vor Ihrem Team halten, in dem Sie die drei Rollen klar voneinander abgrenzen:

Rolle in der Metapher Fußball	als Mitspieler/in	als Vereinsmanager/in	als Fußballtrainer/in
Rolle in Ihrer Realität als Führungskraft	als Vertriebsmitarbeitende/-r	als klassische Führungskraft	als Sales Coach
Meine Aufgaben	• Vertrieb in der Fläche • Vorbild sein im Einsatz Unterstützende Grundhaltung: »Mein Weg zum Erfolg ist nicht unbedingt auch der Weg, den meine Mitarbeitenden gehen müssen!«	• Zielvereinbarung • Monitoring • Beurteilung • Einstellung und Einführung • Kritisieren • Informieren	• »Coaching on the Job« • Beobachten und Feedback geben • Ressourcen suchen • Trainieren • Lehren
Aufgaben der Mitarbeiter	• offen sein für Veränderung • Umsatz generieren • Kundenpotenziale ausbauen • Neue Kunden gewinnen • Herausforderungen der Zukunft analysieren und Lösungen dafür erarbeiten	• sich den Zielen und dem Monitoring stellen • Feedback nehmen und auch geben • Hinterfragen, annehmen und konstruktiv streiten	• Feedback annehmen • Feedback geben, um Qualität zu steigern – ein optimales Lernsetting gestalten • An der ständigen Verbesserung der eigenen Arbeit und des Unternehmens insgesamt mitarbeiten

Diese Rollen zu verstehen ist für viele Führungskräfte oft kein Problem. Im Praxistest, erkennen sie dagegen, dass es manchmal sehr anspruchsvoll sein kann, allen Rollen – Umsatz zu generieren und Lernen zu fördern – in gebührender Weise gerecht zu werden.

In den folgenden Kapiteln werden wir die Phasen des Coaching on the Job-Ablaufs anhand der vorher bezeichneten Lernschleife (die vier Kompetenzschritte) sehr ausführlich beschreiben und immer wieder mit Beispielen untermauern. In diesem Beispiel können Sie sehen, wie die Rollendifferenzierung zwischen den Rollen Führungskraft und Coach möglich wird.

Vorab geht es jedoch darum, die Rollenklarheit mit dem Team zu besprechen und die neue Rolle als Sales Coach einzuführen.

Verschiedene Interaktionsformen in Gruppen im Überblick

»Ich habe jetzt ein Sales Coach Buch gelesen. Das hier Beschriebene würde ich gerne mal mit Ihnen morgen bei einem Termin vor Ort ausprobieren!« So ein Satz würde Ihren Mitarbeitenden eher Angst machen, oder? Wenn Sie mit diesem Satz Ihren neuen Sales Coach Ansatz aus unserem Buch einführen wollen, wird es daher sicher schwierig. Viel besser können Sie abwehrende Kräfte der Mitarbeitenden kaum mobilisieren.

Spaß beiseite – bevor Sie mit dem Einzelcoaching und dem Coaching on the Job starten, sind folgende Fragen zu beantworten:

- Womit beschäftigen sich meine Mitarbeitenden gerade und wie kann ich sie auf die Gedankenstraße »Trends, neue Herausforderungen und neuer Führungsansatz« einschwingen?

- Wie mache ich ihnen die Bedeutungen der Trends und eines erweiterten Vertriebs- und Führungsansatzes in diesem Prozess klar? Bzw. wie können meine Mitarbeitende das vielleicht selbst tun?

- Und wie kläre ich meine erweiterte Führungsrolle in diesem Prozess glaubwürdig und motivierend für die Mitarbeitenden?

Alle diese Fragen sollten vor Einführung, oder sogar bei einem Neustart Ihrer persönlichen Karriere als Führungskraft, mit der ergänzenden Rolle Sales Coach in einem gemeinsamen Workshop geklärt werden. Der Workshop sollte dabei so konzipiert und von Ihnen durchgeführt werden, dass hier bereits die neue Haltung und die neue Rolle als Sales Coach und Begleiter spürbar und für die Mitarbeitenden erlebbar werden.

Das heißt konkret, dass Sie in diesem Workshop weniger selbst präsentieren oder den überwiegenden Redeanteil für sich beanspruchen, sondern vielmehr, dass Sie in der Rolle des Coaches moderierend in der Gruppe auftreten.

Unter Umständen ist dies für Ihr Team schon eine ziemliche Umstellung, zumindest wenn Sie die gemeinsamen Meetings bislang auf andere Art durchgeführt haben. Bei der Gestaltung der Kommunikation in Meetings unterscheiden wir drei Formen der gemeinsamen Interaktion.

- Die leitungszentrierte Interaktion – die leitende Person steht im Mittelpunkt der Interaktion

- Die gruppenzentrierte Interaktion – die Gruppe steht im Mittelpunkt der Interaktion
- Die ergebnisorientierte Interaktion – das Ergebnis steht im Mittelpunkt der Interaktion

In den meisten Vertriebsmeetings, die wir begleiten dürfen, finden wir immer wieder die **leitungszentrierte Interaktion** vor. Hier agiert die Teamleitung. Die leitende Person steht im Fokus. Vorrangig ist es sie, die spricht und es ist auch sie, die argumentierend und ergebnisleitend in Diskussionen auftritt. Fragen und Einwände werden an sie – und nicht an die Gruppe – gerichtet. Eine echte Interaktion in der Gruppe findet jedoch nicht statt. Die Führungskraft beantwortet Fragen, geht auf Einwände ein, argumentiert und informiert. Diese Interaktionsform ist für die Leitung sehr anstrengend, da sie flexibel und spontan reagieren muss.

Für die Teilnehmenden ist diese Interaktionsform in Vertriebsmeetings eher aktivitätsarm, da die Verantwortung für die prekären Fragen, z. B. die Frage »wohin geht die Reise mit unserem Vertrieb in zehn Jahren« von der Leitung – also von Ihnen – gelöst werden. Im Grunde eignet sich diese Interaktionsform gut für Informationsrunden, in denen die Führungskraft über Neuigkeiten informiert. Für eine Diskussion in der Gruppe ist sie aber ungeeignet und für Workshops oder zur Ideenfindung in Gruppen auch.

In Vertriebsmeetings sollte es jedoch sehr häufig darum gehen, Ideen und Lösungen von den Mitarbeitenden selbst finden zu lassen. Sind die Mitarbeitenden doch die eigentlichen Experten für kreative Problemlösungen und Kundenansprache.

Wenn Sie also als Führungskraft eine neue Kampagne aus der Marketingabteilung motivierend darstellen sollen, eignet sich die leitungszentrierte Interaktion nicht. Denn es geht hierbei ja nicht wirklich darum, die Informationen vom Marketing nur an die betroffenen Mitarbeitenden zu senden. Vielmehr geht es in dem Meeting darum, wie die Kampagne vor Ort umgesetzt werden könnte. Also sollten Sie in den meisten Fällen eine Interaktionsform wählen, die sich unterscheidet von einseitigen, leitungszentrierten Kommunikationsformen.

Grundsätzlich besser für kreative Problemlösungen geeignet ist die **gruppenzentrierte Interaktion** Hier agieren Sie impulsgebend. Sie stoßen den Prozess in der Gruppe mit einer Frage an und lassen ihn völlig frei laufen. Das kann zu recht chaotischen, aber auch gewinnbringenden Lösungen in der Gruppe führen. Je nach Reife des Teams ist dies eine echte Alternative, denn so entsteht im Idealfall ein von allen getragener Prozess zu einem gemeinsam gefundenen, von allen akzeptierten Ergebnis. In der Praxis hängt dies jedoch stark von den Machtverhältnissen in der Gruppe ab. Wenn sich wirklich alle mit ihren Talenten beteiligen, wenn das Miteinander sehr vertrauensvoll und fair ist, wenn die Mischung der Teilnehmenden stimmt und die Idee der Gemeinsamkeit weit stärker ist, als mögliche Konkurrenz oder Neidimpulse, dann kann das Ihr Königsweg sein. Wenn die nötige Reife in gruppendynamischer Aktion jedoch nicht vorhanden ist, wenn statt Ihrer ein anderer nun Chef spielt oder gegeneinander, statt miteinander gerungen wird, dann werden Sie schnell von solchen Prozessen Abstand nehmen.

Die von uns empfohlene Interaktion ist die **ergebnisorientierte Interaktion.** Hier haben Sie im Wesentlichen drei Aufgaben:

- Sie stellen das Thema, die Aufgabe und die zu beachtenden Hintergründe klar vor.

- Sie regen an zu Einzelimpulsen, so dass jede Person aus dem Vertriebsteam zu Beginn zu Wort kommt und

- Sie moderieren einen lösungsorientierten Dialog in der Gruppe, damit die Aufgabe gelöst werden kann.

Die Interaktionsformen im Überblick (vgl. Kissel/Tschinkel – Prinzip der minimalen Führung, 2. Auflage 2011, Windmühle):

Schema	Wirkung	Nachteil	Vorteil
Leiter-zentrierte Interaktion 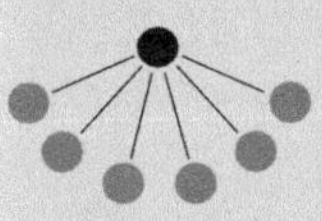	Im Fokus steht die Führungskraft. Sie gibt die Themen vor, die Teilnehmenden berichten ihre Meinung und Einschätzung an sie. Die Kommunikation ist vorwiegend bilateral. Die leitungszentrierte Interaktion ist wichtig, wenn die Leitung einen Wissensvorsprung hat, den sie weitergeben will/soll (Expertenberatung, Schulung, etc.).	Es entsteht keine Diskussion der Teilnehmenden untereinander. Der Synergiefaktor ist niedrig. Die Führungskraft bündelt die Energie – vor allem auch evtl. Widerstand oder Gegenargumente auf sich. Sie muss viel arbeiten. Eine solche Moderation ist anstrengend, da die Führungskraft zu jeder Zeit »im Feuer« steht.	Die Übermittlung von Informationen erfolgt klar und schnell. Daher eignet sich die leitungszentrierte Interaktion für: • Informationsweitergabe • Kurze Mitteilungen • Wissensvermittlung.
Gruppen-zentrierte Interaktion 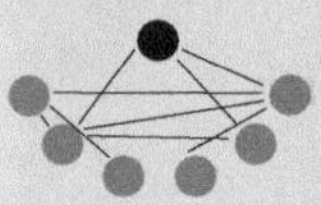	Die Führungskraft agiert in der Diskussion als Teil der Gruppe. Sie setzt einen Anfangsimpuls. Anschließend diskutiert die Gruppe ohne Moderation. Freie Rollenfindung – Gruppendynamik mit evtl. hohem Chaosanteil sind die Folge.	Das Ziel gerät leicht aus dem Blick. Die Besprechung kann ausufernd und ermüdend wirken. Es herrschen die inoffiziellen Wortführer/-innen, Machtstrukturen bilden sich in der Gruppendynamik – introvertierte Menschen kommen schlecht zu Wort/extrovertierte bestimmen die Inhalte.	Inoffizielle Machtstrukturen und die Dynamik der Gruppe werden sichtbar. Schwelende Konflikte können aufgedeckt und thematisiert werden. Wenn die Gruppe trotzdem ein gemeinsam getragenes Ergebnis erzielt, gibt es häufig einen hohen Identifikationswert. Eignet sich für Themen, die unternehmerisch eine geringere Bedeutung haben, dafür aber hohe Bedeutung auf der Ebene der Mitarbeitenden (Bsp. Gestaltung der Weihnachtsfeier, Betriebsausflug, Raucherregelung, etc.).
Ergebnis-orientierte Interaktion 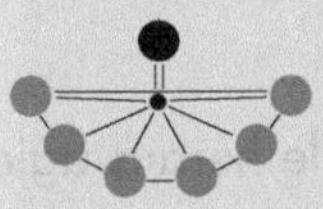	Die Führungskraft benennt hier klar die Aufgabe und das Ziel und evtl. Hintergründe. Sie regt zur Diskussion an und moderiert diese zielorientiert. Dabei ist sie nicht Teil der Gruppe. Im Dialog mit der Gruppe fokussiert sie auf die Aufgabe und den gesetzten Rahmen und erarbeitet ein Ergebnis. Die Führungskraft fasst immer wieder die Inhalte des Gruppendialogs zusammen und visualisiert diese.	Die Leitung dieser Interaktionsform erfordert eine höhere Moderationskompetenz, damit diese nicht zu stark oder zu gering Einfluss auf den Gruppendialog nimmt. Damit die ergebnisorientierte Interaktion gelingt, bedarf es einer sorgfältigen Planung und Vorbereitung.	Thema und Ziel sind klar. Es werden die unterschiedlichen Ebenen der Teammoderation berücksichtigt und auf der jeweiligen Ebene interveniert. Das Thema und das Ziel bleiben zu jeder Zeit im Fokus. Die Synergien im Team können optimal genutzt werden. Die Identifikation mit den Ergebnissen ist hoch.

Die ergebnisorientierte Interaktion mit Teams

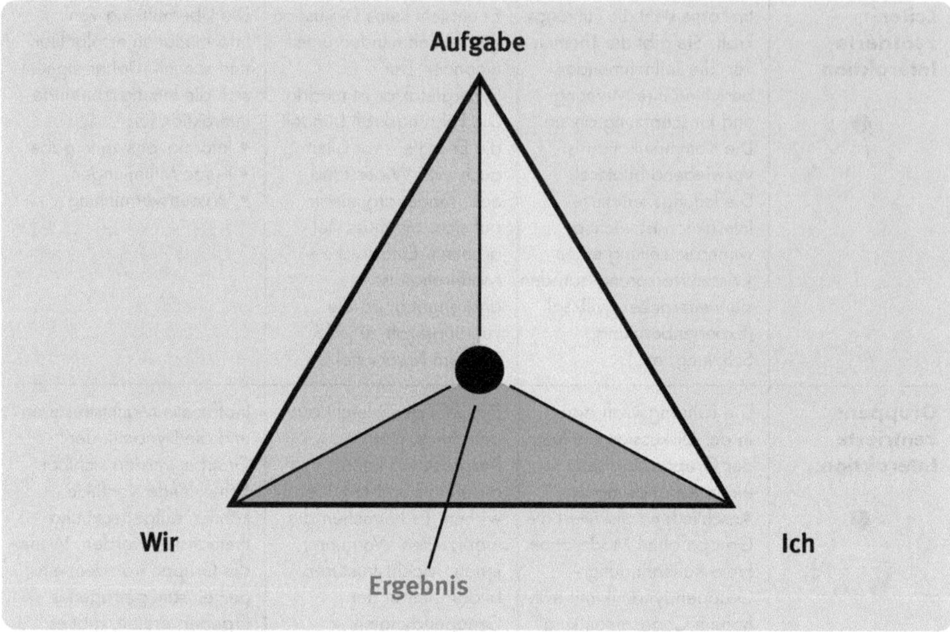

Die ergebnisorientierte Interaktion zielt darauf ab, dass Sie das Thema so zur Diskussion bringen, so dass

- alle eingeladen sind daran mitzuwirken
- alle Ihre Mitarbeitenden ermutigt werden und Gelegenheit bekommen, ihre Meinung offen auszusprechen
- die Meinungen in der Gruppe zusammengefasst und visualisiert werden
- ein gemeinsamer Gruppenkonsens oder zumindest gemeinsam erarbeitete Problemstellungen und Lösungsmöglichkeiten im Rahmen der angebotenen Freiheit (Delegationsrahmen) erzielt werden
- alle Ihre Mitarbeitenden erkennen, dass Sie aus einer neuen Rolle heraus agieren – der erste Schritt, Lernen zu ermöglichen

In der nachfolgenden Struktur möchten wir die Vorgehensweise zunächst an einem allgemeinen Beispiel und dann an dem speziellen Sales Coach »Kick-Off Workshop« erklären. Innerhalb eines Workshops kann es erforderlich sein, häufiger die nachfolgende Struktur einzuhalten, bei der es immer wieder darum geht, den sogenannten Dreierschritt einzuleiten:

1. Auf die Aufgabe zu fokussieren – AUFGABE

2. Die individuellen Meinungen zu hören bzw. zu Gehör zu bringen – ICH

3. Durch Zusammenfassungen und Visualisierung die Gruppenmeinung herauszubilden – WIR

Wir nennen dies die Partitur für gute Teamgespräche, die – in drei Schritte unterteilt – wie folgt geht:

Die Partitur für gute Teamdialoge

1. Schritt – die Aufgabenebene einführen

Sie nennen kurz und präzise die Aufgabe und den Rahmen für die Diskussion. So können Sie hier zum Beispiel die Vertriebsergebniszahlen des letzten Monats auflegen und Ihr Vertriebsteam dann um deren Einschätzung bitten. Hierfür eignen sich Einstiegsfragen, wie z. B.:

- Wie steht Ihr zu diesem Ergebnis?

Oder aber auch

- Welche Hauptprobleme seht Ihr bei dem Produkt XY

Wichtig ist die Vorbereitung dieser anfänglichen, kurzen Impulsrede/-visualisierung. Hier achten Sie auf folgende Fragen:

- Wie will ich das Thema platzieren?
- Reicht die sachliche Darstellung?
- Was ist mein Feedback an das Team und wie will ich darüber berichten? Was ist meine eigene Betroffenheit? Wie möchte ich diese ausdrücken?
- Was möchte ich zur Diskussion geben? Welchen Auftrag/Rahmen soll die Gruppe bekommen?
- Wie stark ist die Gruppe betroffen und motiviert – gibt es eine gemeinsame Problemsicht, oder ist dies schon das erste Diskussionsthema?

Besonders wichtig ist, dass Sie von Anfang an auf eine klare Visualisierung des Themas achten. So sollten sowohl die anfängliche Nachricht als auch die Einstiegsfrage visualisiert werden.

Bei einem Bericht über die Ergebniszahlen eignet sich zur Visualisierung eine Grafik. Sofern Sie eine höhere Betroffenheit erreichen wollen, könnte die Grafik der Zielerreichung bis zum Ende des Jahres fortgesetzt werden und bei »niedrigem« Zielerreichungsgrad zur »angenommen ärgerlichen Jahresendergebnisprognose« führen.

Achten Sie hier aber darauf, dass es der Gruppe möglich ist, konstruktiv mit Ihrem Einstieg umzugehen. Wer mit einem Vorwurf beginnt, erntet zunächst nur Rechtfertigung, keine zielorientierte Auseinandersetzung.

Ziel der Visualisierung ist es

- Klarheit über das Thema herzustellen
- einen gemeinsamen Startpunkt für die Diskussion zu setzen und
- die ersten Impulse der Teilnehmenden zu dem Thema anzuregen.

Gegebenenfalls eignet sich im ersten Durchgang auch eine Kartenabfrage, um alle einzelnen Meinungen abzuholen. Das hat den Vorteil, dass jede Person für sich an einer eigenen Formulierung arbeitet und Sie nachher weniger Beiträge in der Form »Ich schließe mich … an!« hören.

Sie leiten daraufhin eine Runde ein, in der jeder Ihrer Vertriebsmitarbeitenden einmal zu Wort kommt.

2. Schritt – die Ich-Ebene beachten

Mit der gestellten Einstiegsfrage geben Sie Ihren Vertriebsmitarbeitenden erstmals den Raum, ihre Meinungen und Gedanken zu dem Thema einzubringen. Hierbei ist wichtig, dass Sie gut zuhören und gegebenenfalls Verständnisfragen stellen. Sie sollten die Antworten jedoch nicht positiv oder negativ werten oder hinterfragen, da Sie sonst die Meinungsbildung in der Gruppe vorzeitig beeinflussen und das Meeting so von Beginn an wieder leitungszentriert führen.

Jeder kann und soll nun seine Gedanken und Befindlichkeiten zum Thema äußern. Fragen von Teilnehmenden werden zurückgestellt, vorschnelle Diskussionen hier eher unterbunden. Alle haben die Chance ausreichend zu Wort zu kommen.

3. Schritt – die Wir-Ebene beachten und zur Diskussion überleiten

Im letzten Schritt fassen Sie das Gehörte aus der Einstiegsrunde zusammen und wiederholen in Ihren Worten (ohne Wertung) den bisher sichtbaren Dissens oder Konsens der Gruppe – insoweit formen Sie mit Ihren Worten die Meinung des »WIR« (Teams).

Beispiel für eine Zusammenfassung:

»...wir sind hier noch nicht ganz beisammen, einige meinen, es wäre gut, eine neue Initiative bei unseren Kunden zu starten, andere wollen noch abwarten...«

Nun können Sie die Diskussion einleiten mit der Frage:

- Was heißt das für Sie?
- Wie wollen Sie das nun lösen?

Sie können nun aber auch Gruppenarbeiten einleiten:

- Ich schlage vor, wir erarbeiten zunächst in zwei Gruppen...

Durch die Zusammenfassung erkennt Ihr Vertriebsteam den Zusammenhang und wird so klarer in die Aufgabenstellung eintreten können, einen Dissens zu klären oder eben die Aufgabe im Konsens zu bearbeiten.

Es kann aber auch sein, dass Sie hier besser Feedback geben:

- Ich habe gehört, dass Sie gemeinsam sagen: Wir glauben nicht, dass jetzt beim Kunden noch Etwas zu holen ist! Ich bin enttäuscht über diese Äußerung, denn ich bin der Auffassung, dass...

In jedem Fall haben Sie auch nach diesem Feedback die Möglichkeit, in die Diskussion und Bearbeitungsphase zu gehen. Wenn Sie nun einen klaren Rahmen für die Diskussion in der Gruppe gesteckt haben, können Sie sich auf die Moderation beschränken und haben einen dialogischen Austausch in der Gruppe erreicht. Dies können Sie nun nutzen, um zu einem vom Team und Ihnen gemeinsam getragenen Ergebnis zu führen.

Dabei helfen in der Regel folgende Interventionen während der Diskussion:

- »Was sagen die anderen zu diesem Punkt...«
- »Sie sagen (sachl. Wiederholen eines gesagten Standpunktes) ..., was meinen die anderen dazu...«
- »Ich fasse hier noch mal zusammen...«
- »Wie möchten wir erreichen, dass...« und weitere offene lösungsorientierte Fragen wie »Was muss passieren, damit...« etc.

Durch Visualisierung der Ergebnisse aus der Gruppe tragen Sie dazu bei, dass die Gruppe Struktur und Halt bekommt. Ihre Mitarbeitenden sehen jedoch auch, dass durch die Visualisierung Ergebnisse erzielt werden. Dies motiviert sie zusätzlich in dem Gruppenprozess.

Der Start! – »Sales Coach als Führungskraft« mit dem eigenen Team

Eine ergebnisorientierte Moderation erfordert, wie beschrieben, eine sorgfältige Vorbereitung.

Die erste Frage, die Sie sich für Ihren Start als Sales Coach also stellen sollten, ist:

Welche Ziele verfolge ich mit meinem ersten Meeting mit den Mitarbeitenden?

- Will ich mit den Mitarbeitenden über die Trends in unserem Berufsfeld sprechen, um daraus die Herausforderungen für die Zukunft abzuleiten?
- Will ich mit den Mitarbeitenden über den Sales Prozess sprechen, und die Herausforderungen für einen neuen Coachingansatz daraus ableiten?
- Oder will ich nur meine erweiterte Rolle »Führungskraft als Sales Coach« besprechen und den Rahmen für diese neue Zusammenarbeit klären?

Wir gehen in unserem nachfolgenden Beispielmeeting davon aus, dass Sie über alle drei Punkte mit Ihrem Team sprechen wollen.

Wenn Sie alle drei Punkte in einem Teammeeting ansprechen wollen, macht es Sinn, für dieses Meeting einen besonderen Raum (Hotelseminarraum oder ähnliches) und einen Zeitrahmen von mindestens einem Tag einzuplanen.

Ihre Mitarbeitenden freuen sich, wenn Sie sie auf diesen Termin mit einer Agenda vorbereiten. Die Agenda könnte zum Beispiel folgenden Aufbau des Meetings ankündigen:

10.00 Uhr	Begrüßung und Kaffee
10.15 Uhr	Dialog im Team über die Trends in unserem Beruf und ihre Bedeutung für unsere Vertriebsaufgabe
11.15 Uhr	Welche Ansprache wünschen sich unsere Kunden? Klärung anhand unseres Vertriebsprozesses – Was braucht es heute für Material, Angebote, Tools, Fähigkeiten und Ansprachen?
12.30 Uhr	Mittagspause

13.15 Uhr	Neuer Coachingansatz durch die Führungskraft – Erwartungsklärung
14.45 Uhr	Kaffeepause
15.00 Uhr bis 17.00 Uhr	Verschiedenes und Feedback

Darüber hinaus können Sie Ihre Mitarbeitenden im Vorfeld auch mit Aufgaben betrauen, wie zum Beispiel:

»Bei unserem Workshop möchten wir zu Beginn über die Trends der Zukunft und die Auswirkung auf unseren Beruf als Vertriebsmitarbeitende sprechen. Bitte überlegen Sie diesbezüglich einmal, welche Trends aus Ihrer Sicht Auswirkungen auf die Zukunft unseres Berufes haben werden und wie Sie diesen bereits heute wirksam begegnen könnten.«

Damit bereiten Sie sich auf die Eingangsdiskussion gut vor.

Zur Vorbereitung gehört auch, dass Sie die Impulsstationen Ihrer Moderation gut vorbereiten. Daher sollten Sie die wesentlichen Inhalte, die nun im Durchführungsteil beschrieben sind, so vorbereiten, dass diese für alle sichtbar zur Verfügung stehen. Visualisierung ist in Gruppenprozessen ein wesentlicher Beitrag der Führungskraft, damit der Dialog in der Gruppe zu guten Ergebnissen kommt.

Durchführung des einführenden Treffens im Überblick

Wann?	Was?	Wie?
10 min	Begrüßung	Begrüßung durch die Führungskraft, Klärung des organisatorischen Rahmens, Persönliches
5 min	Zielklärung Führungskraft	Die Vertriebsführungskraft stellt die drei wesentlichen Ziele und Hintergründe des Tages vor: • Klärung im Team: Wie müssen wir uns auf die Zukunft vorbereiten? • Was heißt das für unsere Kundenansprache? • Was wünschen sich die Kunden konkret? • Wie kann ich als Führungskraft Euch hierbei mit dem neuen Coaching on the Job-Konzept unterstützen?
15 min	Trends der Zukunft Einzelarbeit	Die Führungskraft nennt die fünf Trends aus dem ersten Kapitel dieses Buches und gibt den Mitarbeitenden die Aufgabe, zunächst in Einzelarbeit auf einem Papier, folgende Fragen zu den Trends zu erarbeiten: • Welche Trends sehe ich persönlich für unsere Zukunft bis zum Jahr X (Datum Veranstaltungstag + fünf Jahre später) als starke Veränderungstreiber – und warum? • Welche Auswirkung hat dies auf unsere Kunden? • Welche Auswirkung auf unseren Job? Die Fragen stehen auf einem Flip-Chart und werden von der Führungskraft knapp vorgestellt. Stille bei der Einzelarbeit.
15 min	Dialog in Kleingruppen z. B. je vier Personen Führungskraft beteiligt sich auch in einer Gruppe	Die Teilnehmenden stellen sich gegenseitig in Kleingruppen à drei oder vier Personen ihre Ergebnisse vor und fassen diese auf je einem Flip-Chart zusammen. Das Team entwickelt daraus z. B. die fünf wichtigsten Trends und deren Auswirkungen.
15 min	Präsentation der Gruppenarbeitsergebnisse im Plenum	Je ein Teammitglied aus den Kleingruppen präsentiert das Ergebnis aus der Diskussion. Im Anschluss daran fragt die Führungskraft nach Gemeinsamkeiten und Unterschieden. Die Führungskraft vermeidet hierbei Wertungen oder Gewichtungen, sondern fasst lediglich Dissens und Konsens zusammen.
45 min	Neue Gruppeneinteilung Gruppenaufgaben: »Herausforderungen	Nun teilt die Führungskraft die Gruppen neu ein und zeigt den Vertriebsprozess des Hauses. Anmerkung der Autoren: Sollte es keinen definierten Vertriebsprozess in Ihrem

Wann?	Was?	Wie?
	für uns anhand unseres Vertriebsprozesses«	Unternehmen geben, empfehlen wir den AIDA-Verkaufsprozess, mit folgenden Phasen: • Attention • Interest • Desire • Action als Grundlage nehmen. Ziel ist, dass Sie und Ihr Team ein gemeinsames Bild entwickeln, wie in Ihrem Haus die Vertriebsansprache von der Neukundengewinnung bis zum After-Sales-Prozess aufgebaut ist. Als Ergebnis könnte z. B. folgende Struktur entstehen: • Attention und Interest (Neukundengewinnung) • Desire und Action (Vertriebsentwicklung an Interessenten) • After-Sales (Ansprache nach dem Abschluss und Betreuung) Die Führungskraft lässt nun drei neu zusammengesetzte Gruppen bilden. Jede Gruppe soll sich mit je einer Phase beschäftigen und folgenden Fragen nachgehen: • Wenn wir auf die Trends von eben schauen, was ändert sich in diesem Prozessabschnitt? • Auf was müssen wir mehr achten? • Auf was müssen wir bei der Beziehungsgestaltung zu unseren Kunden in der Zukunft besonders achten? Die Ergebnisse sollen auch hier stichwortartig auf dem Flip-Chart visualisiert werden.
30 min	Präsentation der Gruppenergebnisse und Diskussion	Die Ergebnisse der Gruppenarbeit werden präsentiert und in der Gesamtgruppe besprochen. Die Führungskraft fasst immer die Ergebnisse aus der Diskussion zusammen und fokussiert dabei auf die Begriffe, die die Erfolgsfaktoren zukünftiger Ansprachestrategien sind.
	Mittagspause	
30 min	Neuer Coachingansatz	Die Führungskraft fasst noch einmal die gemeinsam erarbeiteten Erfolgsfaktoren zukünftiger Vertriebsarbeit zusammen. Dabei stellt sie diese anhand der Vertriebsphasen vor und holt sich zu dieser Zusammenfassung die Zustimmung der Gruppe. Die Führungskraft erklärt der Gruppe, wie sie die Um-setzung dieser Erfolgsfaktoren in die Praxis mittels Sales Coaching begleiten möchte. Ein mögliches Beispiel:

Wann?	Was?	Wie?
		»Ich bin eure Führungskraft und somit zunächst einmal auch die Person, welche die Ergebnisse eurer Arbeit kontrolliert und in der Bewertung der Zielvereinbarung auch honoriert! Wenn wir eine Profi-Fußballmannschaft wären, käme dies der Rolle als Manager und Managerin gleich. Ich bin jedoch gleichzeitig angetreten, auch euer Coach zu sein. In dieser Rolle ist es mir wichtig, dass wir zusammen lernen. Ich möchte Euch hier begleiten und Euch fair aber auch in klarer Weise Feedback geben, um mich mit Euch auf die hier von Euch beschriebenen Erfolgsfaktoren vorzubereiten. In dieser Rolle ist es mir aber auch wichtig Folgendes zu klären: Welche Erwartungen habt ihr an mich, damit das Coaching on the Job für euch auch zum Erfolg führt?« Die letztgenannte Frage sollte an einem Flip-Chart stehen (sinnvoll erscheint uns auch, dass die Führungskraft die Rollendefinition Coach/Manager an einem Flip-Chart kurz visualisiert). Nach diesen Sätzen kündigt die Führungskraft an, dass sie nun den Raum für 15 Minuten verlassen wird, damit die Gruppenmitglieder im Dialog klären können, welche Erwartungen sie an das Coaching on the Job haben. Diese werden von den Teilnehmenden aufgeschrieben und danach vorgestellt. Anmerkung der Autoren: Erwartungen sind Wünsche. Sie müssen diese nicht komplett erfüllen. Aber Sie sehen nun, auf welchem Feld von Hoffnung oder auch Befürchtung Sie sich bewegen. Das ist dann die Grundlage für eine gute Auftragsklärung/für Ihre Rolle als Sales Coach beim Coaching on the Job.
?	Verschiedenes und Feedback	Im Anschluss bespricht die Führungskraft die noch offenen Punkte und fordert am Ende des Workshops ein Feedback zum gesamten Workshop ein. Die Fragen für die abschließende Feedbackrunde könnten zum Beispiel lauten: • Meine Gedanken zu dem Workshoptag? • Mit welchen Erwartungen/Befürchtungen starte ich nun in die neue Phase Vertriebsentwicklung mit dem Coaching on the Job?

Mit diesem Workshop können Sie die vorbezeichneten Fragen klären und den Prozess zu einem gewinnenden Sales Coaching einläuten.

Was könnte den Workshop zum Scheitern bringen?

- Sie haben als Führungskraft nicht das nötige Vertrauen und die Mitarbeitenden können sich nicht vorstellen, von Ihnen und mit Ihnen zu lernen. In diesem Fall haben Sie keine andere Wahl, als zuerst an der Vertrauensbasis konsequent zu arbeiten. Ein Sales Coaching ohne Vertrauen, aber auch jegliche gewinnbringende Führung ohne Vertrauen ist aus unserer Sicht unmöglich. Vertrauen zu gewinnen, beginnt damit, dass Sie sich intensiv Feedback von den Mitarbeitenden geben lassen und nur zuhören.

- Die Mitarbeitenden haben keinen Leidensdruck – die letzte Zielerfüllung war auch wieder bei 100 % – warum sollten wir uns also nach Trends ausrichten (Stichwort: »Schwarzmalerei des Chefs«) und warum ein Coaching on the Job. Es reicht doch auch so! In diesem Fall haben Sie es leider auch schwer, denn z. B. eine echte Betroffenheit über Mahnung zu erreichen ist extrem schwierig. Sie werden den Vorwurf der »Schwarzmalerei« auch nicht los, wenn Sie versuchen mit den vorbezeichneten Trends Betroffenheit auslösen zu wollen. Vielleicht macht es in diesem Fall einfach Sinn, Lust auf das neue Sales Coachingkonzept zu machen. Es kann gut möglich sein, dass Sie bei vorhandenem Vertrauen die Mitarbeitenden für Ihren Ansatz gewinnen können.

- Die Mitarbeitenden haben bereits mit Coaching on the Job negative Erfahrungen gemacht, vielleicht bei einer vorherigen Führungskraft. Hier haben Sie natürlich die Möglichkeit, mit der Erwartungsabfrage diese Beschwerden einzuholen und zu sagen: »...und gerade, weil das so ist, wollte ich das Coaching on the Job diesmal auch an eurem Bedarf und an den zukünftigen Erwartungen unserer Kunden und des Unternehmens ausrichten. ... Daher dieser Workshop«.

Die Gruppendynamik in bestehenden Teams ist so vielfältig, dass wir hier unmöglich alle möglichen Szenarien vorbereiten können. An dieser Stelle sei jedoch noch betont: Selbst, wenn der Workshop missglückt scheint, ist es aus unserer Sicht besser, das Team vorab als ganze Einheit auf die neue Vorgehensweise vorbereitet zu haben, damit alle Mitarbeitenden auf einmal diese Informationen gehört haben. Da mag nicht immer alles auf der Ideallinie laufen. Aber wenn erst einzelne Mitarbeitende informiert sind und dann gerüchteweise in der Teeküche die Neuerungen besprochen werden, wird es für Sie nicht leichter.

Teil 3

Die unbewusste Nicht-Kompetenz – Vertriebskennzahlen und Coaching on the Job

Der Sales Coach hat mir Klarheit darüber gegeben, wie essenziell es ist, Selbsterkenntnisse des Coachees über Eigenanalysen zu fördern. Ich kann nun als Führungskraft Muster erkennen und die Mitarbeiter nachhaltig und wirksam begleiten.

Janka Kriese,
Teamleiterin Vertrieb in der Finanzbranche

Im Sales Coaching geht es darum, dass Vertriebsmitarbeitende durch ein Gespräch oder eine Intervention etwas erkennen, was sie vorher nicht gewusst haben. Das nennen wir die unbewusste Nicht-Kompetenz. KPIs im Vertrieb sind für alle bekannt, doch die Möglichkeiten, wie diese mittels Sales Coaching genutzt werden können, eröffnen neue Denkräume für die Vertriebsmitarbeitenden und die -teams. Damit ermöglichen Sie Ihren Mitarbeitenden und Ihrem Team einen Teachable Moment.

Sales Coaching und Vertriebskennzahlen

Kennzahlen im Vertrieb, kurz auch KPIs, sind für Vertriebsführungskräfte ein zentrales Steuerungsinstrument. Es gibt eine Unzahl von digitalen Vertriebssteuerungstools, in denen man diese Kennzahlen – und noch viel mehr – selektieren und bereitstellen kann. Die Möglichkeiten, strategisch und operativ Informationen aufzubereiten, sind unendlich. Hier eine Auswahl daraus:

- Kundenpotenzialanalysen
- Ergebnisanalysen
- Lead Generierung
- Angebotsmanagement
- Deckungsbeitragsberechnung
- Opportunity Management

Mit all diesen Maßnahmen lässt sich Vertrieb mittels Kennzahlen steuern – und all diese Maßnahmen haben sicherlich ihre Berechtigung.

Führungskräfte lassen daraufhin Pläne und resultierende Maßnahmen von den Vertriebsmitarbeitenden erstellen, wie sie die Ziele erreichen wollen. Diese Pläne werden dann in regelmäßigen Vertriebsmeetings im Team oder in Einzelgesprächen auf Basis eines Ampelsystems besprochen (grün: auf Kurs, rot: weit weg vom Ziel). Ist ein Abweichung (gelb/rot) zu erkennen, erfolgt der Appell, die Maßnahmen konsequenter zu verfolgen, neue Aktionen werden benannt und geplant.

Übertrieben? Vielleicht verallgemeinert, aber bei vielen Vertriebsführungskräften, die wir begleitet haben, konnten wir genau dies so beobachten. Kennzahlen geben Orientierung, sind aber immer ein Blick in den Rückspiegel, eine Zahl aus der Vergangenheit. Sie geben keine Auskunft über die individuellen Gründe der Abweichung und die spezifischen Ursachen.

Im Sales Coaching geht es ums Lernen. Es geht um die Frage, wie man die Vertriebsmitarbeitenden ins Lernen bringen kann, so dass sie für sich mögliche Ursachen identifizieren und Lösungen generieren können.

Mittels Sales Coaching sind Sie ganz nahe am wirklichen Verkaufsprozess, an den Aktivitäten, am »Point of Sales«. Dafür braucht es sehr konkrete Kennzahlen, oder besser Kennzahlenketten, durch die schnelles und effizientes Lernen möglich wird. Haben Sie z. B. das Ziel, dass der Umsatz je Mitarbeitenden um X steigen soll, dann könnte eine solche Kennzahlenkette wie folgt sein:

- Zielumsatz : durchschnittliche Umsatzhöhe je Vertragsabschluss = Anzahl der Abschlüsse
  - Jetzt wissen Sie, wie viele Abschlüsse die Mitarbeitenden brauchen, um das geplante Ziel zu erreichen. Diese Kennzahl bekommen Sie leicht aus dem Vertriebssteuerungstool
  - Diese Kennzahl kann auch der Deckungsbeitrag sein (erreichter Deckungsbeitrag in Summe : Abschlüsse)

- Anzahl der Besuchstermine : Anzahl der Abschlüsse = Anzahl der benötigten Termine für einen Abschluss
  - Diese Kennzahl gibt den Hinweis, wie viele Besuche die Mitarbeitenden brauchen, um einen Vertrag abzuschließen. Im komplexen B2B-Geschäft ist diese Kennzahl relevant, um später auch die Zeit bis zu einem Abschluss zu analysieren, bzw. um erkennen zu können, ob Ihre Mitarbeitenden im Zielunternehmen schon gut vernetzt sind.

- Anrufe bei Neukunden : Termin = Anzahl der Anrufe, die für einen Termin benötigt werden
  - Sie erfahren nun, wie viele Anrufe Ihr Vertriebsmitarbeiter/Ihre Vertriebsmitarbeiterin benötigt, um zu einem Termin zu kommen, z. B.: 5:1 = fünf Anrufe, ein Termin.

- Vereinbarte Termine : stattgefundene Termine
  - Z. B. 3:1 – Ihre Mitarbeitenden müssen drei Termine vereinbaren, bis ein Termin steht, bei dem die Zielpersonen auch anwesend sind.

Ein solche Kette kann nun sein:

- Umsatzziel im Jahr X ist bei Vertriebsperson Y von 4 (Jahr X-1) auf gesamt 5 Mio. € gestiegen.
- Die durchschnittliche Abschlusshöhe/Umsatzhöhe im Jahr X-1 war 200.000 €.
- Es mussten in X-1 für einen Abschluss fünf Termine durchgeführt werden.
- Um einen Termin zu bekommen mussten vier Zielkunden angerufen werden.

Somit ergibt sich, dass die vertriebsmitarbeitende Person

- 25 Verträge im Jahr X abschließen muss
- Für diese Anzahl an Verträge braucht man 25 x 5 Termine = 125 Termine im Jahr X
- Um 125 Termine durchzuführen, müssen je vier Zielkunden angerufen werden = 500 Anrufe im Jahr X
- Bei 200 Arbeitstagen entspricht das zweieinhalb Anrufen je Tag

Sicherlich ist das eine sehr vereinfachte Darstellung. Kennzahlenketten unterstützten aber die Vertriebsmitarbeitenden bei der Analyse und bei der Planung des neuen Umsatzes.

Wie gehen Sie jetzt in der Rolle Sales Coach vor?

Im ersten Schritt fragen Sie Ihre Vertriebsmitarbeitenden nach diesen Kennzahlen. Vielleicht werden Sie merken, dass viele diese Kennzahlenketten – oder auch nur Teile davon – nicht kennen. Dies ist nichts Ungewöhnliches, da viele Menschen im Vertrieb diese Zahlen nicht kennen oder in Vertriebssteuerungstools diese Daten nicht erfasst werden können. Zudem ist jedes Tool nur so gut ist, wie es von den Vertriebsmitarbeitenden mit Daten befüllen wird. Hier lassen sich also auch oft Schwachstelle ausmachen.

Kennen Ihre Vertriebsmitarbeitenden diese Kennzahlen nicht, erklären Sie den Sinn, dass es für die Vertriebspersonen damit leichter und effizienter wird, erfolgreich im Vertrieb zu arbeiten (Wer arbeitet schon gerne mehr, als nötig ist?). Ermutigen Sie Ihre Mitarbeitenden nun, diese Kennzahlen nach und nach aufzubauen, z. B. mittels einer »Old School«-Strichliste beim Telefonieren. Entweder begleiten Sie hier durch Coaching on the Job oder vereinbaren einen Zeitpunkt, wann Sie über diese Quote sprechen. Führen Sie dieses Gespräch nun mit dieser Auswahl von Fragen und verwenden Sie dabei das Fragekreuz (siehe weiter unten):

- Was haben Sie für eine Kennzahl Anrufe : Termine? (z. B. acht Anrufe für einen Termin)
- Wie bewerten Sie für sich persönlich diese Kennzahl?
- Wie sind Sie vorgegangen?
- Was war in den Gesprächen leicht? Was können Sie aus Ihrer Sicht hervorragend/ist eine Stärke von Ihnen?
- Was waren die Herausforderungen in den Telefonaten?
- Wenn Sie es nochmal machen würden, was würden Sie anders machen, um die Quote zu verbessern?
- Was müssen Sie lernen?

Jetzt entsteht in der Lernschleife ein Teachable Moment, denn die Quote ist nicht nur ein Blick in den Rückspiegel, sondern man stellt fest, dass jetzt Platz für neue Ideen, Lösungen und Alternativen da ist. Jetzt besteht die Chance, die Quote zu optimieren, z. B. dadurch, zu erarbeiten, wie künftig der Umgang mit dem Einwand »Ich habe keine Zeit« sein wird.

Sie können nun mit Ihren Vertriebsmitarbeitenden an Formulierungen arbeiten, die dann im Nachgang ausprobiert werden. Erfolge spiegeln sich dann in der Quote wider.

Jede Kennzahl, jede Quote, ermöglicht nun ein Lernen. Es kann nun eine Vielfalt an Möglichkeiten entstehen. Beispielsweise könnten folgende Punkte optimiert werden:

- Erstellen und optimieren einer Relationship-Map, um Personen zu identifizieren, die als Coach/Fan agieren oder wirtschaftliche Entscheidungen treffen. Ziel ist, effizient die relevanten Personen für den Anruf zu identifizieren, um die Quote Termine : Abschluss zu senken.
- Aufbau einer Argumentation, so dass die Ausfallquote (vereinbarte Termine: stattgefundene Termine) verringert wird.
- Analyse der aktuellen Herausforderungen des Kunden, um die gezielte Nutzenargumentation zu verbessern und die Abschlusshöhe zu optimieren.

Die Kennzahlen bekommen nun eine andere Bedeutung: weg von einem Ampel- und Controllingsystem, hin zu Lernbegleitern, durch die der Einsatz und der Erfolg optimiert werden können.

Darüber hinaus können Sie nun mit diesen Kennzahlen einen Coaching on the Job-Prozess anstoßen und Ihre Mitarbeitenden mit zum Kunden begleiten. Ziel ist, die Sales-Kompetenzen Ihrer Mitarbeitenden widerzuspiegeln und somit die Möglichkeiten zu eröffnen, die Kennzahlen als Lerninstrument zu nutzen.

Wie ein Coaching on the Job konkret aufgebaut ist und welche Stolpersteine entstehen können, erfahren Sie im nächsten Kapitel.

Die Begleitungsrolle beim Coaching on the Job

Eine zentrale Aufgabe von Vertriebsführungskräften ist, ihre Mitarbeitenden in regelmäßigen Abständen zu Kunden zu begleiten. Die Frage ist, in welcher Rolle Sie begleiten.

Unproduktiv ist es, wenn die Begleitung in folgenden Rollen erfolgt:

- In der Rolle »Chef und Chefin«, die Kunden auch mal besuchen möchte – der Kunde wird Sie sicherlich mehr fokussieren als Ihren Mitarbeitenden, denn wann hat er schon die Gelegenheit, mit dem Chef zu sprechen. Vor Kurzem hat eine Vertriebsmitarbeiterin berichtet, dass ihr Chef sich immer wieder in das Gespräch einmischt und sie, als die eigentliche Kundenverantwortliche, dadurch den Kunden immer mehr verliert.

- In einer Rolle mit »vormachender oder einarbeitender Haltung« neuer Mitarbeitenden. Wie gehen Sie vor? Ein Vertriebsmitarbeiterin erzählte, dass ihr Chef das Verkaufsgespräch geführt hat, obwohl sie schon aus einer anderen Branche Erfahrung rund um Vertrieb sammeln konnte. Nach dem Gespräch forderte die Führungskraft Feedback ein, wie er denn so gewesen sei – fishing for compliments. Aber was hatte die Mitarbeiterin gelernt und was hatte der Chef über seine Arbeitsweise, über Stärken und seine Entwicklungsfelder, erfahren?

- In der Rolle mit »feedbackgebender Haltung«: Nach dem Gespräch gibt die Vertriebsführungskraft dem Mitarbeitenden Feedback, was er/sie gut und was er/sie schlecht gemacht hat, mit dem Hinweis, dies jetzt in der Zukunft umzusetzen. Häufig wird dann gesagt: »...an diesem Punkt hätte ich an Deiner Stelle gesagt...«. So stellt sich die Führungskraft über den Mitarbeiter, die Mitarbeiterin und formuliert ein sinnloses Feedback, da die gleiche Situation kaum wieder so eintreten wird und sich dann auch die mitarbeitende Person nur anhand des Feedbacks nicht erinnern wird. Wie viel davon wird also nachhaltig umgesetzt?

Nachfolgend beschreiben wir Schritt für Schritt einen möglichen Ablauf einer Coaching on the Job-Begleitung (CoJ) und nehmen Bezug auf den Unterschied zum Training on the Job (ToJ).

Anlässe für Coaching on the Job (CoJ)

Es gibt viele Anlässe, Ihre Mitarbeitenden zum Kunden zu begleiten. Einige Beispiele:

- die Weiterentwicklung von Kompetenzen wird erstrebt, um der Zukunft im Vertrieb gestärkt entgegenzugehen,
- die Kultur des Unternehmens verlangt, dass einmal im Monat ein Vertriebsteammitglied zum Kunden begleitet wird,
- ein Mitarbeiter, eine Mitarbeiterin bringt nicht mehr die Leistung, die er oder sie einmal gebracht hat,
- im Rahmen eines persönlichen Entwicklungsplanes über einen längeren Zeitraum ist Begleitung erwünscht,
- die Einarbeitung von neuen Mitarbeitenden, mit und ohne Erfahrung,
- als begleitende Maßnahme zu einer Schulung zur Transfersicherung,
- im Rahmen von Veränderungen im Unternehmen,
- die Einführung einer neuen Verkaufsstrategie,
- Einführung eines Qualitätskonzeptes,
- Einführung von KPIs,
- das Vertriebsteammitglied hat Schwierigkeiten beim Kunden oder auch nur bei speziellen Kunden.

Welche der o. g. Anlässe möchten Sie nutzen und kommunizieren, um nachhaltig CoJ zu betreiben?

Ihre Anlässe für CoJ	**Ihre Ziele**	**Mehrwert für die Mitarbeiterin, den Mitarbeiter**

Wir empfehlen Ihnen, diese Anlässe und die Ziele klar zu kommunizieren.

Aufbau eines Coaching on the Job

Ausgehend von dem beschriebenen oder einem ähnlichen Workshop und den daraus identifizierten Lernfeldern der Teammitglieder, entwickeln wir nun gemeinsam mit Ihnen die einzelnen Elemente eine CoJ-Maßnahme.

Das Vorgespräch in drei Schritten

Das Vorgespräch zu jedem CoJ legt den Grundstein für eine effektive Entwicklungsbegleitung. Das Gespräch zwischen Ihnen als Führungskraft und Ihrem Mitarbeiter, Ihrer Mitarbeiterin, lässt sich in folgende Phasen aufteilen:

- Orientierungsphase
- Auftragsklärungsphase
- Commitmentphase

Orientierungsphase

Sollte Ihr Teammitglied noch nie von Ihnen zum Kunden begleitet worden sein, wird diese neue Situation als stressig erlebt. Mitarbeitende suchen in einem solchen Fall nach Orientierung. Sie wollen wissen, was genau wie abläuft, was beobachtet wird, wie sie beim Kunden vorgestellt werden und noch vieles mehr. Und auch wenn Sie schon häufiger Mitarbeitende begleitet haben, kann es dienlich sein, ein vielleicht neues Vorgehen Ihrerseits offenzulegen.

Am besten ist, wenn Sie das Vorgehen beim CoJ schon im Workshop, in dem Sie das CoJ einführen, für alle Mitarbeitenden offenlegen. Eine gemeinsame Diskussion schafft Vertrauen und ermöglicht, dass die für die Mitarbeitenden wichtigen Fragen geklärt werden können. Dort können auch die Zielkundenselektion und das Vorbereiten auf das CoJ besprochen werden. Ein für das persönliche Gespräch reserviertes Zeitfenster bildet den ersten Rahmen für ein erfolgreiches CoJ.

Starten Sie mit folgenden Fragen:

Orientierung über die Befindlichkeit der Mitarbeitenden

- »Welche Gedanken gehen Ihnen durch den Kopf, wenn ich nächste Woche mit Ihnen zum Kunden gehe?«
- »Welche Erfahrungen haben Sie durch CoJ gemacht?«

- »Welche Befürchtungen haben Sie, wenn Sie an den gemeinsamen Termin denken?«
- »Welche Erwartungen haben Sie an mich?«

Orientierung über das Vorgehen

- »Wie wollen Sie den Kunden darauf vorbereiten, dass ich mitgehe?«
- »Wie wollen Sie mich beim Kunden vorstellen?«
- »Was hat Sie bewogen, diesen Kunden auszuwählen?«
- »Dann findet der Kundentermin statt?«

Orientierung über den Ablauf des CoJ

Z. B: »Herr Mayer, wir fahren nächste Woche gemeinsam zu benanntem Kunden und werden uns im Vorfeld noch einmal über Ihre Ziele und Ihr Vorgehen unterhalten. Ein zentraler Punkt wird dabei sein, welchen Beobachtungsauftrag Sie mir geben. Beim Kundengespräch werde ich mich nicht einmischen, da liegt die volle Gesprächsverantwortung bei Ihnen. Nach dem Gespräch setzten wir uns zusammen, ich gebe Ihnen Feedback und dann tauschen wir unsere Beobachtungen aus. Danach können wir das für Sie wichtige Thema noch vertiefen.«

Orientierungsphase abrunden

- Welche Fragen sind für Sie relevant, damit Sie eine gute Orientierung haben?«
- »Was hat sich für Sie jetzt verändert?«

Für das Orientierungsgespräch mit Ihren Mitarbeitenden kann Sie das o.g. Ablaufschema unterstützen. Aus unserer Erfahrung dauert diese Phase maximal 15 Minuten. Wenn Sie ein ausgewogenes Verhältnis zwischen Reden und Zuhören haben, sprich dem dialogischen Prinzip folgen, werden Sie viele Informationen erhalten und damit auch Sicherheit gewinnen. Ihre Mitarbeiterin oder Ihr Mitarbeiter gewinnt durch diese Absprache und Klärung die Basis für ein vertrauensvolles CoJ. Der Grundstein für eine effektive Entwicklungsbegleitung ist gelegt.

Warum keine »Einmischung« von Ihrer Seite in das Kundengespräch?

Vielleicht haben Sie sich diese Frage gestellt. Einmal hat eine Führungskraft zu uns gesagt, dass er doch kein Geschäft »flöten« gehen lasse, wenn die Mitarbeitenden beim Kunden den »Sack nicht zumachen« können. Sicherlich ein berechtigter Einwand, denn es geht ja schließlich um Geld und Bewertung im Vertrieb. Wenn es nicht gerade um die Zukunft Ihres gesamten Unternehmens geht, empfehlen wir

Ihnen trotzdem ein Höchstmaß an Geduld. Auch Ihre Mitarbeitenden werden ja an einem Abschluss interessiert sein. Vielleicht kommt er oder sie etwas später auf viel galantere Art zum Ziel und Sie brechen mit Ihrem Eingriff in einen bewährten Dialog ein, verschrecken womöglich die Kunden, die keine »Sackzumacher« gewohnt sind bzw. dies auch nicht möchten. Auf jeden Fall beschädigen Sie Ihre Mitarbeitenden. Und gerade, wenn den Mitarbeitenden wiederum ein kaufwilliger Kunde/ eine kaufwillige Kundin entgleitet, können Sie danach viel solideres Feedback geben, als wenn Sie nach kurzer Zeit das Gespräch selbstherrlich übernommen – und die Sache womöglich dann doch in den Sand gesetzt hätten.

Auftragsklärungsphase mit vier Typen

In der Auftragsklärungsphase definieren Sie gemeinsam die ersten Lernschritte. Es ist schon hier möglich, dass sich der vorbezeichnete »Teachable Moment« einstellt, d. h. dass die Bereitschaft, gemeinsam mit Ihnen einen neuen Weg des Lernens einzuschlagen, erreicht wurde.

Wenn Sie in Ihrem Workshop die individuell benötigen Kernkompetenzen für den Weg in die Zukunft mit herausgearbeitet haben, dienen diese als Gesprächsgrundlage.

Am einfachsten ist dies sicher bei dem Typus mit »lernwilliger Grundhaltung«.

Wie wirksam gerade ein gutes Vorgespräch sein kann, möchten wir nun kurz erläutern. Sicherlich werden Sie bei den anderen »Typen« ebenso vorgehen, die Akzentuierung wird sich aber verschieben.

Typ 1: »Ich bin lernwillig« – Auftragsklärung nach der PUZZLE-Methode

Der Typus, den wir hier einmal als »Ich bin lernwillig« beschrieben haben, zeigt sich als wirklich ernsthaft offen für Ihre Sales Coachings. Mitarbeitende dieses Typs möchten Coaching on the Job und wollen nach den einführenden Worten (siehe erste Phase) direkt mit dem Live-Gespräch beginnen. Sie starten jedoch hier mit einer Auftragsklärung nach der sogenannten PUZZLE Methode (vgl. Claus und Daniela Blickhan).

PUZZLE ist ein strukturiertes Vorgehen bei der Auftragsklärung. Die einzelnen Schritte müssen nicht immer vollständig abgearbeitet werden, dienen also somit eher als Landkarte, als Orientierungshilfe für die »Sales Coaching«-Gespräche. Nachfolgend finden Sie zu den einzelnen Buchstaben mehrere Fragen, die Sie Ihrem Coachee stellen können:

P = Problembeschreibung

- Wo sehen Sie Ihre Stärken in Ihrer aktuellen Vertriebstätigkeit?
- Wo sehen Sie die Lernfelder für Ihren Weg in die Zukunft?
- Was ist für Sie die größte Herausforderung in einem Kundengespräch?
- Wenn ein Kunde Sie beschreiben würde, wo sähe er Ihre Stärken und wo Ihr Entwicklungspotenzial?
- An welchem Verhalten macht sich das bemerkbar?

U = Ursachenanalyse

- Woran liegt es, Ihrer Meinung nach, dass Sie…?

Z = Zielbeschreibung

- Was ist Ihr Maximalziel für dieses Gespräch? (zum Beispiel, die zukünftige Kompetenz zu zeigen etc.) Was ist Ihr Minimalziel? (zum Beispiel ein kommunikatives Ziel – etwa: »Ich möchte aus dem Gespräch herausgehen und sagen können, dass ich 8 Fragen zur Bedarfsanalyse gestellt habe«)
- Woran merken Sie, dass Sie das Maximalziel oder Minimalziel erreichen werden? (d. h. an welchem Verhalten Ihres Gesprächspartners werden Sie es im Gespräch merken?)

Z = Zusätzliche Ressourcen

- Was benötigen Sie vom Unternehmen und jetzt auch speziell von mir, um ans Ziel zu kommen?
- Was brauchen Sie für sich selber, um anders vorzugehen? (hier können Werte und Motive wie Mut und Selbstvertrauen kommen)

L = Lösungsweg

- Was haben Sie schon ausprobiert, um ans Ziel zu kommen?
- Wie wollen Sie vorgehen?

E = Effekt

- Wenn Sie am Ziel sind, welchen Effekt hat das für Sie und für den Kunden?

Klären Sie nun, auf was Sie beim Kunden konkret den Beobachtungsfokus haben sollten. Dabei gilt: weniger ist mehr. Sicherlich können Sie mit Ihrer Erfahrung viele Aspekte beobachten. Allerdings besteht dann die Gefahr, dass aufgrund der Fülle Ihrer Beobachtungen und Bemerkungen Ihr Mitarbeiter/Ihre Mitarbeiterin eher »erschlagen« reagiert. Lernen ist möglich, wenn ich im überschaubaren Rahmen Kritik und mögliche Verbesserung erfahre. Wenn jedoch »ALLES« im Fokus und somit evtl. in Frage steht, wirkt das verunsichernd und lähmend.

Typ 2: »Ich kann alles« – Coaching on the Job nach dem Lustprinzip

»Ich schaff das auch allein!« – Vielleicht haben Sie in Ihrem Vertriebsteam wirklich gute Vertriebsmitarbeitende, die dies auch gerne nach außen tragen. Sie schätzen deren Kompetenz, gleichzeitig haben Sie Zweifel, dass sie auch bei der Einführung neuer Verkaufsstrategien/neuer Produkte, die Weisheit mit »Löffeln gegessen haben«. Sie möchten auch diese begleiten und CoJ machen, da Sie der Überzeugung sind: Jede Person, auch die größten Profis, können aus der Beobachtung und dem Feedback beim Coaching on the Job etwas lernen.

Diese Menschen »Ich kann alles« werden es Ihnen auch danken, wenn sie einen echten Mehrwert aus den Beobachtungen und den Rückmeldungen haben. Damit dies gelingt, ist es wichtig, dass Sie sich »fit« machen bezüglich der möglichen Beobachtungsebenen.

In einem Gesprächsbeispiel im folgenden Text werden wir es mit einer »Ich kann alles« Person zu tun haben, die in Sachen Vertriebsgesprächsführung eine Menge Erfahrung gesammelt hat. Sie hat große Erfolge, aber gleichzeitig findet sie die Preisgestaltung einiger Produkte eher suboptimal. Sie wundert sich über die Verkaufserfolge manch anderer Kollegen und Kolleginnen, da sie persönlich den Preis zum Beispiel beim Produkt »X und Y« für überteuert hält. »Einen Preis selbstbewusst nennen, das kann sie! Jedoch nicht bei jedem Produkt!« Es geht hier also nicht um ein Coaching on the Job auf der Ebene der Fähigkeiten bzw. des Könnens, vielmehr scheint es eine Art Identifikations- und Wertefrage zu sein, die es hier zu reflektieren gilt.

Um sich diesem Thema stellen zu können, kann ein Modell von Robert Dilts (siehe nachfolgendes Schaubild) helfen, durch das auch der Unterschied zwischen Training und Coaching deutlich werden sollte.

Starten wir vorab mit einer kleinen Geschichte:
Er fragte einen: Was tust Du da?
Der antwortete ärgerlich: Das siehst Du doch, ich meißele Stein.
Er fragte einen zweiten: Was tust Du da?
Der antwortete: Ich verdiene den Lebensunterhalt für mich und meine Familie.
Er fragte einen dritten: Was tust Du da?
Der sagte: Ich baue eine herrliche Kathedrale.

Jeder der Steinmetze macht die gleich Arbeit, jeder hat aber einen anderen Fokus. Der eine sieht nur sein Verhalten des Steinmeißelns, der andere sorgt für seine »Familie«. Er trägt die Verantwortung, der Versorger zu sein und gewinnt Befriedigung aus dem Lohn, den er für gute Arbeit erhält. Der Dritte jedoch verfolgt ein sogenanntes höheres Motiv, er weiß sich als Teil eines Großprojektes, dem Dom. Er sagt: Ich baue mit an diesem herrlichen Gotteshaus. Jeder wird seine Arbeit mit einer anderen Freude und Energie durchführen. Wer aber, vermuten Sie, hat die größte Energie und warum?

Ebenso wird es bei Ihren Vertriebsmitarbeitenden sein. Die eine macht einen Job, der andere will sich dadurch Luxus und Ansehen erarbeiten, bezahlt sein Häuschen ab und spart für das Studium der Kinder. Doch die Dritte engagiert sich für »ihre« Firma, ist dem Unternehmen mit ganzem Herzen verbunden und ist, mit großer Begeisterung, Vertreterin der Produkte, die sie vertreiben soll. Als Coach on the Job können sie der o. g. Person »Ich kann alles« z. B. einen Mehrwert bieten, in dem Sie Ihren Fokus nicht nur auf deren Verhalten richten, sondern auch auf weitere Ebenen. Insgesamt haben Sie die Möglichkeit im Sales Coaching auf folgende Ebenen zu achten.

Robert Dilts – Logischen Ebenen

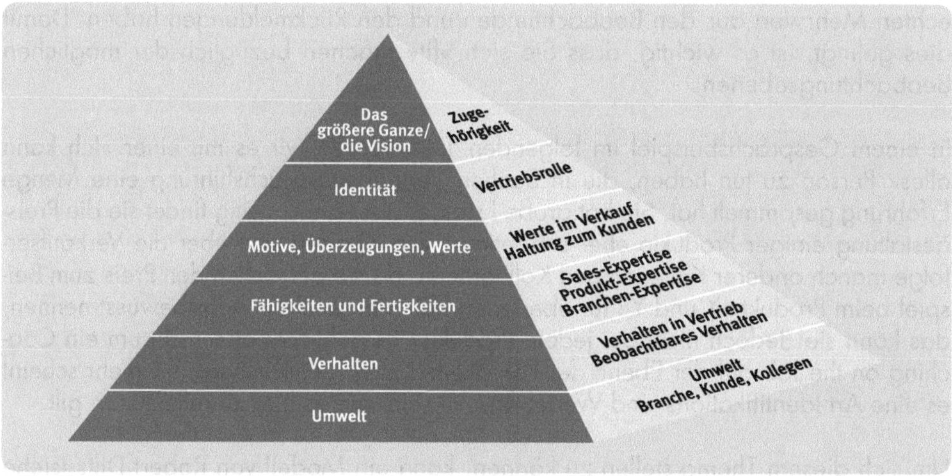

Umweltebene

Die Ebene der Umwelt beschreibt die Umgebung, in der sich die Mitarbeitenden bewegen. Das ist natürlich im Kontext der Arbeit von dem Unternehmen, dem Markt, der Branche etc., zu betrachten.

Alles hat Einfluss auf deren Verhalten. An dieser Schnittstelle kann die Umwelt, also Sie, die Kunden, die Kolleginnen und Kollegen erkennen, wie sich Ihre Mitarbeitenden verhalten. Und dieses Verhalten ist kontextspezifisch zu analysieren.

Jede Branche verlangt spezielle Verhaltensspezifika und jedes Unternehmen auch. Ein Banker tritt anders auf als jemand aus der Mode-Branche. Gleichzeitig sind Ihre Mitarbeitenden auch Privatpersonen und in diesem Kontext ist deren Verhalten wiederum anders.

Verhaltensebene

Was Sie als Führungskraft beobachten können, ist rein das Verhalten Ihrer Mitarbeitenden. Dies können Sie auch konkret beschreiben. Die Frage bei Ihrer Beobachtung ist, »Wie macht Ihr Mitarbeiter /Ihre Mitarbeiterin was? Und wie sagt er/sie was?« und, wie weiter oben schon erwähnt, »Wie reagiert die Umwelt, die Kunden etc. auf das Verhalten?«.

Ein paar Wahrnehmungsaspekte:

- Körpersprache
  - Nach vorne/nach hinten geneigt
  - Art des Begrüßens
  - Blickkontakt
  - Handhaltung

- Stimme
  - Stimmrhythmus
  - laut/leise
  - Betonung

- Inhalt
  - Satzlänge
  - Fragesätze
  - Aufbau einer Argumentation
  - Struktur der Einwandbehandlung
  - Schritte im Verkaufsprozess (z. B. zehnstufiges »ifsm-Verkaufsmodell«, siehe weiter unten)

Diese Wahrnehmungen können Sie in der Interaktion beschreiben, etwa: »Sie sind bei der Argumentation mit dem Körper nach vorne gegangen, haben sich aufgerichtet, dabei war Ihre Stimme monoton – der Kunde ist zurückgegangen und hat Abstand zum Tisch genommen«. Im nächsten Kapitel werden wir hierzu näher eingehen, wenn es um das Interaktionsfeedback geht.

Fähigkeiten und Fertigkeiten

Durch was wird nun das Verhalten beeinflusst? In erster Linie durch die Fähigkeiten und Fertigkeiten, die jemand für sich gelernt hat. Wirken Ihre Vertriebsmitarbeitenden im Kundenkontakt sicher auf Sie, haben allerdings beim Thema Pricing die Tendenz, den Preis sofort nachzugeben, kann es daran liegen, dass sie nicht wissen, wie man Preisverhandlungen führt, wie man Einwänden begegnet und diese ausbalanciert. Vielleicht braucht es hier nur ein einfaches Verhaltenstraining zum Thema »Pricing«, um die geforderten Fähigkeiten zu entwickeln.

Genau auf diese Ebene zielen die meisten Verhaltenstrainings ab, in denen man die geforderten Fähigkeiten immer wieder z. B. über Rollenspiele trainiert. Allerdings kommt man mit dieser Art des Trainings schnell an eine Grenze, wenn es gar nicht um Fähigkeiten geht. Vielleicht geht es für Ihre Mitarbeitenden auf einer tieferen Ebene um Überzeugungen. Dann müssen auch Sie auf diese Ebene schauen. Wenn das Wasser nicht kocht, obwohl der Herd an ist, ist vielleicht die Sicherung raus!

Motive, Überzeugungen, Werte

Wenn Ihre Mitarbeitenden zum Beispiel ein Seminar zum Thema Pricing besucht haben, alle Techniken kennen und sie ausgiebig trainiert haben, kann es an der inneren Überzeugung liegen, dass sie schnell zu Preisnachlässen bereit sind. Vielleicht sind Preisverhandlungen für Ihre Mitarbeitenden etwas Unangenehmes, vielleicht denken sie, wenn man Preise zu hart verhandelt, werden sie vom Kunden abgelehnt. Vielleicht finden sie das Produkt selbst überteuert und das Geld nicht wert. Oder Konflikte und die eigene Standhaftigkeit sind bei ihnen negativ besetzt. Entgegenkommen gehört stattdessen für sie zu einer stets notwendigen, automatisierten Verhaltensform.

Durch deren Verhalten, in Preisabsprachen direkt nachzugeben, gehen Ihre Mitarbeitenden einer für sie sehr unangenehmen Situation aus dem Weg. Sie vermeiden das mögliche, deutliche Nein des Gegenübers, vielleicht weil eine solch deutliche eindeutige Ablehnung von ihnen als schlimm und bedrohlich erlebt wird.

Auch wenn Sie dieses Verhalten Ihrer Mitarbeitenden negativ bewerten, werden diese ihr Nachgeben gegenüber Kunden womöglich als »überlebenswichtig« empfinden. Man kann sagen, dass sie in dem Moment gut für sich sorgen. Wenn sie anders handeln würden, wäre dies, in einer gewissen Weise, gefährdend für deren Selbstbild.

Sie merken sicherlich schon, dass bei solchen Themen Tipps und reines Feedback, bzw. ein Training nur marginale Erfolge bringen. Auf dieser Ebene sind unsere Gefühle angesiedelt, und wer kann schon gegen seine eigenen Gefühle angehen? Hier kann nur ein Coaching unterstützend sein. Es geht also auf dieser Ebene darum, mit den Mitarbeitenden einen Dialog über die Werte zu führen und mögliche innere Widersprüche offenzulegen.

Ein Dialog über Motive, Überzeugungen, Werte am Beispiel des »Alleskönners«:

Führungskraft: »Sie haben mir gesagt, dass Sie keine Probleme in der Preisnennung haben – vielmehr finden Sie die Produkte X und Y einfach zu teuer!«

Mitarbeiter: »Ja, ich kann mir auch nicht erklären, dass es immer wieder Kunden gibt, die bereit sind diesen Preis für X und Y zu zahlen und die auch die Vorzüge des Produktes erkennen – es gibt Viele, die mir sagen, dass es zu teuer ist. Das passiert mir in letzter Zeit immer wieder. Ich glaube die Kollegen, die dieses Produkt verkaufen, ziehen die Kunden regelrecht über den Tisch.«

Führungskraft: »Das würde ich nicht sagen. Angenommen es gäbe Kunden, die sagen würden, das Produkt X oder Y ist seinen Preis absolut wert, würden Sie diesen nicht glauben?«

Mitarbeiter: »Doch schon, ich kann es mir nur nicht vorstellen, ich glaube die wurden vielleicht nicht richtig aufgeklärt…«

Führungskraft: »Ich war ja gestern mit Herrn Meier unterwegs, der das Produkt häufig verkauft und ihn habe ich gebeten, mir einmal einen solchen Kunden zu nennen. Wollen wir den mal anrufen und nach seiner Zufriedenheit fragen?«

Mitarbeiter: »Was soll das bringen?«

Führungskraft: »Nun ich finde das toll, dass Sie sich so vor unseren Kunden stellen. Im Grunde wollen Sie ihn schützen, dass er nichts Falsches kauft, also vor unserem Produkt X und Y. Ich glaube auch nicht, dass ich Sie überzeugen kann, dass das Produkt X und Y gut ist. Was ich aber schon glaube, ist dass Sie unsere Kunden überzeugen können. Ich habe eine Telefonnummer und es ist ja gut, wenn wir manchmal nach der Zufriedenheit bei unseren Kunden nachfragen.«

Mitarbeiter: »Puh, der wird ja sicher zufrieden sein, da brauchen wir auch gar nicht anzurufen.«

Führungskraft »Ich denke auch das er zufrieden sein wird, würde aber gerne trotzdem anrufen, weil es, glaube ich, besser ist, auch von ihm die Gründe zu erfahren, warum er zufrieden ist….«

Mitarbeiter ruft an!

Der Wert dieser »Ich kann alles« Person war: »ALLES FÜR MEINE KUNDEN« – sie hat sich dadurch eine Art »Robin Hood«-Status aufgebaut. Die Kunden vor den Produkten X und Y zu schützen war nicht mehr nur eine Meinung, es war eine

Gewissheit. Diese konnte im Sales Coaching aufgelöst werden, in dem das »zu schützende Subjekt« ihm selbst sagte: »Ich brauche Deinen Schutz nicht, Du darfst mir gerne auch das Produkt X und Y verkaufen!«

Über der Ebene der Motive, Werte und Überzeugungen ist noch die Ebene Identität, die uns im Verkauf prägt.

Identität

Was hat nun den größten Einfluss auf unser Verhalten? Wer sind wir im Verkauf? In welchen Rollen bin ich unterwegs? Bin ich ein Berater/eine Beraterin oder ein Verkäufer/eine Verkäuferin, oder Verkaufsberater/Verkaufsberaterin? Viele Unternehmen gehen den Weg weg von Berater/Beraterin hin zum Verkaufsberater und Verkaufsberaterin – und viele Mitarbeitende erleben eine große Hemmschwelle in ihrer Bereitschaft, den neuen Weg mitzugehen.

Was die Führungskräfte spüren und erleben, ist oft »Widerstand« in aktiver Form (ansprechen, verweigern) oder in inaktiver Form (krank werden).

Was ist aber so schlimm daran, als ehemalige Beraterin nun Verkaufsberaterin zu werden? Oft ernten Menschen, für die das eine große Herausforderung ist, Unverständnis und Kopfschütteln – »Man braucht doch nur…!«, »Sie oder er soll sich nicht so anstellen!« oder »Was ist schon anders als vorher?«

Was ist nun anders als vorher? Die inneren Bilder und Überzeugungen sind bei den Rollen anders belegt. Vielleicht ist Verkaufsberater negativ belegt. Man hat selbst schon einmal als Kunde die Erfahrung gemacht, wie Verkäufer und Verkäuferinnen agiert haben, man hat sich über den Tisch gezogen gefühlt und ein Geschäft abgeschlossen, von dem man nicht überzeugt war. Unter Umständen hat man es sogar bereut und der neue Wagen, die gebrauchte Waschmaschine, die Jacke vom Markt waren ihr Geld bei weitem nicht wert. »So will ich nicht werden!«, sagt sich diese Person. Ihnen sagt Sie: »Das passt nicht zu mir!«, »Das passt nicht zu unserem Unternehmen!«, »Ich bin doch kein Vertreter/keine Vertreterin!«.

Auch hier gilt wieder, dass die Mitarbeitenden mit ihrem »Widerstand« nur gut für sich sorgen. Würden sie sich anders verhalten, als es ihrer inneren Überzeugung entspräche, wäre das Verrat am eigenen Lebenskonzept. Der Mensch reagiert mit Selbstverachtung, Zynismus oder Krankheit – alles Dinge, die Sie in Ihrem Unternehmen nicht gebrauchen können.

Zusammenfassend für unsere Person »Ich kann alles«: Sie hatte wahrscheinlich zu der alten Produktlinie eine solche innere Haltung, dass sie »Das Beste, was es da auf dem Markt zu diesem Preis gibt« auch mit großem Elan verkaufen konnte. Sie konnte diese Identifikation mit dem Produkt, das er nun jahrelang kennt, aber nicht automatisch auf das Produkt X und Y übertragen. Hier ging es also nicht um ein Coaching der Fähigkeiten, sondern um eine neue Identitätsstiftung. Eltern in Patchworkfamilien wissen zu berichten, wie viel Mühe es oft macht, bis die eigenen Kinder aus der gescheiterten Beziehung Vertrauen und Zuneigung zu ihrem neuen Partner/ihrer neuen Partnerin aufbauen können. Da geht es nicht darum, ob das Kind zum neuen Elternteil nett sein kann, sondern ob es das will. Hier muss also – auf der Ebene Identifikation und Überzeugung – neues Vertrauen aufgebaut werden, das »Familiengefühl« erst wieder wachsen.

Das größere Ganze – Zugehörigkeit und die Vision

Identitätsstiftend wirken Zugehörigkeit und Vision. Vielleicht haben Sie auch schon erlebt, dass neue Mitarbeitende, auch noch nach 6 Monaten, vom alten vorangegangenen Unternehmen in der »Wir-form« sprechen. Die Zugehörigkeit hält noch an – und das ist gut. Hier zeigt sich die Loyalität, zu der diese Person fähig ist. Diese auch für das neue Unternehmen zu entwickeln, braucht Zeit und Überzeugung. Viele Unternehmen stärken die Zugehörigkeit mit Anstecknadeln am Revere oder Firmenwimpeln auf dem Essenstisch in der Kantine. Äußere Zeichen finden Sie überall und Menschen fühlen sich beim Tragen mit der Gruppe von Menschen mit gleichen Symbolen verbunden. Nehmen Sie die Fußballfans, deren Zugehörigkeit schon von weitem sichtbar wird, oder eine spezifisch geartete Begrüßung, wie z. B. unter Jugendlichen.

Problematisch wird es natürlich, wenn es umgekehrt zu einem Zwang kommt, ein verhasstes Kleidungsstück während der Arbeitszeit tragen zu müssen. Hier empfehlen wir, dass der Vorteil für die Mitarbeitenden (z. B. Kosten und Reinigung werden übernommen, die Qualität ist gut und recht modisch, es gibt eine gewisse Vielfalt in der Auswahl, es gibt noch Raum für die individuelle Gestaltung…) so attraktiv ist, dass sie freiwillig dieses Zugehörigkeitssymbol wählen oder es zumindest nicht rundweg ablehnen.

Aber solche Äußerlichkeiten sind nur das eine. Wichtiger ist es, in der Person, in der Seele Ihrer Mitarbeitenden, einen Ankerplatz zu finden. Gibt es eine Vision, gibt es ein gemeinsames Ziel, einen Wunsch, einen Traum, an dessen Verwirklichung Firma UND Mitarbeitende UND das Vertriebsteam ein tiefes, inneres, gemeinsames Interesse haben? Wenn jede Person ihre eigene Vision in der Vertriebsvision in irgendeiner Art wiederfindet, dann läuft der innere Motor wie von selbst – und umgekehrt genauso.

Wirkungsweise

Dieses Beispiel der Person »Ich kann alles« verdeutlicht sehr klar, warum es wichtig ist, bei vielen Coachings (und nicht nur bei »Ich kann alles«) auf die unterschiedlichen Ebenen zu achten. Nehmen wir nur einmal an, die Person »Ich kann alles« erweckt im Verkaufsgespräch einer neuen Produktlinie nicht hinreichend einen Kaufwunsch bei den Kunden. Sie beobachten dies im Verkaufsgespräch und spiegeln dies auf der Verhaltensebene. Die Person »Ich kann alles« weiß doch zu gut, wie man Abschlüsse im Gespräch erzielt. Sie wird sich blamiert und gedemütigt vorkommen. Dabei ist sie immer noch eine Person, die gut verkaufen kann. Sie ist nur von dem neuen Produkt noch nicht überzeugt. Sie handelt zaghaft und unsicher. (Lassen Sie es mal wie in dieser Patchworkfamilie langsam angehen. Sie würden Ihr Kind ja auch nicht zwingen, der Person, die jetzt neu bei Ihnen wohnen soll, mit der stürmischen Zuneigung zu begegnen, die in Ihrer ehemaligen Familie selbstverständlich möglich war.)

Betrachten Sie noch einmal die Pyramide von Robert Dilts. Je höher das Problem Ihrer Vertriebsmitarbeitenden auf diesen logischen Ebenen angesiedelt ist, desto mehr sind Sie in der Rolle als Coach gefragt. Hier sind Sie keine Führungskraft, die anordnen kann. Die neue Identifikation können und müssen Ihre Mitarbeitenden letztlich selbst herstellen. Sie sind der Katalysator, der Ihren Mitarbeitenden über Fragen hilft, die nötige Identifikation herzustellen und die inneren Ressourcen entsprechend zu nutzen.

Die logischen Ebenen können aber auch von Ihnen im CoJ genutzt werden, um die Kunden zu beobachten. Die Person »Ich kann alles« wird über Ihre Möglichkeiten des vertiefenden Beobachtens erstaunt sein, wenn Sie ihm anbieten:

»Heute beobachte ich einmal die Kunden, den wir besuchen, ganz genau. Ich achte nicht auf die Aussagen im inhaltlichen Sinne, sondern ich versuche, hinter den Aussagen die Werte, Motive, die Identität Ihrer Kunden zu erkennen und zu beschreiben. Was halten Sie davon?« Wir kennen keine Person »Ich kann alles«, die das nicht als interessanten Mehrwert sieht.

Aufgaben für ein vertiefendes Verständnis der logischen Ebenen

Wählen Sie nun zwei unterschiedliche mitarbeitende Personen aus Ihrem Team aus, die Sie gedanklich auf Basis der logischen Ebenen analysieren. Lesen Sie die einzelnen Fragen durch und beantworten Sie diese aufgrund Ihrer Erfahrungen mit den beiden.

Welches Verhalten zeigen Person A/B beim Kunden? Beschreiben Sie genau, was Sie beobachtet haben.

____

____

____

____

Welche Fähigkeiten haben die beiden und was muss noch ausgebaut werden – auch für den Weg in die Zukunft? Was davon mache ich am Verhalten fest?

____

____

____

____

Welche Werte haben die beiden? Wovon sind sie überzeugt? Wie machen sich diese Werte und Überzeugungen im Kundengespräch bemerkbar?

In welcher Rolle sind die beiden beim Kunden? (Berater/Beraterin, Verkäufer/Verkäuferin, Verkaufsprofi, Hunter, Sammler,...) Auf Basis welchen Verhaltens schließen Sie auf diese Rolle?

Was ist die Vision, die beide treibt? An welchem Verhalten machen Sie dies fest?

Und wie zeigen beide ihre Zugehörigkeit zum Unternehmen, zur Abteilung oder zum Vertrieb? Beschreiben Sie das jeweilige Verhalten.

Sie haben sicherlich gemerkt, dass die Fragen am Anfang sehr schnell zu beantworten sind. Doch je höher die Ebenen liegen, die tangiert werden, desto schwieriger wird eine Antwort.

Sammeln Sie nun weitere Themen, Fragen, Aufträge mit denen Ihre Mitarbeitenden zu Ihnen kommen und ordnen sie diese den jeweiligen logischen Ebenen zu.

Beispiel:

- »Immer wenn ich den Kunden Gneißel sehe, fühle ich mich so klein« – Ebene Überzeugung/Identität
- »Ich kann keine Preisverhandlungen führen, da ich nicht weiß, wie ich den Deckungsbeitrag einfließen lassen soll« – Ebene Verhalten/Fähigkeiten.
- ...

Typ 3: »Ich mags bequem«

»Ich konnte leider keine Termine für unseren CoJ-Tag akquirieren, sorry!« Vielleicht hatten Sie solch eine Aussage bei einigen Mitarbeitenden schon erwartet. Sie machen ohne großen Aufwand, was unbedingt sein muss – und wollen sich dabei natürlich nicht stören lassen. Oder haben sie wirklich keinen gemeinsamen Termin hinbekommen? Ist das nun ein Einwand oder ein Vorwand?

Lassen Sie die Frage doch einfach auf sich beruhen. Eine Klärung bringt wahrscheinlich nichts, außer dass Ihre Mitarbeitenden merken, dass Sie an deren Glaubwürdigkeit zweifeln. Wie wollen Sie da im Gegenzug ein vertrauensvolles Coaching möglich werden lassen?

Also vertrauen Sie Ihren Mitarbeitenden und nutzen Sie stattdessen die Vorlage, die sie Ihnen geben. So haben Sie einen direkten Ansatz für Ihr erstes Sales Coaching: »Kein Problem, dann lassen Sie uns doch heute an dem Thema Terminakquisition aktiv arbeiten – ich setze mich mit Ihnen zusammen und wir rufen Kunden zur Termingewinnung an!« Sofern Sie es nun mit dem Lerntyp »Ich mag es bequem« zu tun haben, merken Sie das an weiteren Einwänden, wie zum Beispiel: »Macht das denn Sinn, ohne Vorbereitung und so...?« In diesem Fall haben Sie zwei Möglichkeiten:

- Sie gehen weiter auf die Einwände der Mitarbeitenden ein und zeigen Ihr Können zur Einwandbehandlung – zum Beispiel: »Doch gerade das macht Sinn, lassen Sie uns intensiv über die Vorbereitung und Kundenselektion sprechen.«
- Sie sagen: »Das ist nicht so schlimm. Wie müsste das Coaching denn für Sie sein, damit es für Sie einen höheren Stellenwert bekommt und Sie in jedem Fall Termine vorbereitet haben?«

In beiden Varianten sollte es Ihnen gelingen, die Motivationsfaktoren zum Coaching zu steigern. Druck macht unseres Erachtens keinen Sinn. »Ich mag es bequem« Personen müssen Lust gewinnen sich zu bewegen und brauchen vielleicht einen anderen Rahmen für ein gewinnendes Lernmodell. Gleichzeitig sollten Sie sich nicht scheuen, bei zu viel Bequemlichkeit auch zu konfrontieren. So macht es absolut Sinn, bei »Wiederholungstätern« aus der Rolle als Führungskraft zu handeln und klar die Erwartungen zu kommunizieren. Dabei sollten Sie nicht nur die Enttäuschung kommunizieren, sondern auch die Auswirkungen im Feedback benennen, zum Beispiel:

»Frau Muster, ich bin jetzt zum zweiten Mal für ein Sales Coaching angereist und Sie sagen mir, dass Sie keinen Termin vereinbaren konnten. Das kostet mich meine Zeit als Führungskraft und damit wertvolle Ressourcen – es ärgert mich und wir müssen hier eine andere Form der Zusammenarbeit finden!«

Typ 4: »Die Klagende Person« – Coaching von Pro-Aktivität im Vorgespräch

»Ja, wenn Sie meinen, können Sie mich gerne beobachten, ich weiß zwar nicht, was das ändern sollte...!« Ein typischer Satz von Mitarbeitenden, die wir in der Rolle »Die Klagenden« sehen. In dieser Haltung sind die Personen nicht offen für ein CoJ und der Live-Besuch bei Kunden wäre reine Zeitverschwendung.

Um den Umgang mit einer klagenden Person zu verstehen, schildern wir ein Beispiel:

Coachee: »Ja, wenn Sie meinen, können Sie mich gerne beobachten, ich weiß zwar nicht, was das ändern sollte...!«

Führungskraft: »Keine Ahnung, was das Coaching ändern könnte, was wünschen Sie sich denn?«

Coachee: »Naja, mein Verkaufsverhalten kann ich ja optimieren, wie ich will. Erfolgreicher werden wir mit den Preisen, die wir zur Zeit haben aber nicht!«

Führungskraft: »Sie meinen also, die Höhe unserer Preise macht einen erfolgreichen Vertrieb zur Zeit fast unmöglich?«

Coachee: »Ja, Sie haben ja keine Ahnung, was in meinem Marktgebiet los ist!«

Führungskraft: »Erzählen Sie es mir ...«

Was ist passiert? Der erste Schritt einer Führungskraft mit »Kläger und Klägerin« Kontakt aufzunehmen, ist es – in deren Welt einzutauchen. Manche Führungskräfte sagen jetzt vielleicht: »In die Welt dieser Personen will ich gar nicht eintreten!« Wenn Sie dieser Meinung sind, werden Sie »die Klagenden« auch nicht verstehen. Vor allem werden sie sich nicht verstanden fühlen. Wenn sich aber eine klagende Person nicht verstanden fühlt, werden Sie deren Ansichten nicht nachhaltig beeinflussen können. Sie können sie totreden oder Befehle erteilen. Wenn die Person sich in ihrer Klage nicht verstanden weiß, wird sie mit »Dienst nach Vorschrift« antworten und ihr

Herz wird anderweitig klagen. Schlimmstenfalls beim Kunden. Ob Sie wollen oder nicht, hören Sie zu und hören Sie hin!

Der erste Schritt ist:

Kontakt aufzunehmen und die Geschichten und Einwände anzuhören

Fortsetzung des Beispiels:

Coachee: »Sie wissen doch, neben dem Preis sind es auch die vielen Beschwerden, die von der Zentrale nicht bearbeitet werden. Das alles macht uns im Absatz vor Ort die Arbeit schwer.«

Führungskraft: »Was erwarten Sie jetzt von mir?«

Coachee: »Naja, Sie sollten sich lieber mal darum kümmern, dass die Zentrale uns andere Preise vorgibt, als mit mir zum Beispiel hier in der Kundenwelt rumzukurven! Tut mir leid, aber so ist es doch!«

Führungskraft: »Okay, sicher, wenn wir andere Preise hätten und die Kundenbeschwerden weniger wären, dann wäre es besser für den kurzfristigen Verkaufserfolg. Da stimme ich Ihnen zu. Ich werde mich auch intensiv nochmal wegen des Anstiegs der Kundenbeschwerden in der Produktlinie A mit der Produktionsabteilung auseinandersetzen. Dennoch glaube ich, dass wir in dem gegebenen Rahmen auch Einflussmöglichkeiten vor Ort haben, um den Verkauf anzukurbeln.«

Coachee: »Glauben Sie wirklich? Wie denn?«

Führungskraft: »In Ihrem Fall habe ich noch keine Ahnung, deshalb bin ich ja hier – angenommen Sie hätten im Rahmen der Gespräche noch Möglichkeiten erfolgreicher zu werden, wäre das denn für Sie interessant, diese neuen Wege kennenzulernen?«

Im zweiten Schritt führen Sie die Mitarbeitenden hin zum proaktiven Handeln – im Dialog erfährt die Person, dass es neben all den Dramen, die sich um den Vertrieb herum abspielen, auch ein Feld gibt, worauf sie im Verkaufsgespräch Einfluss hat, nämlich die eigene Vertriebsleistung. Ohne Druck und Ermahnung aktivieren Sie in diesem Beispiel die Lust, am Vertriebscoaching mitzuwirken. Nun können Sie mit der Person in das PUZZLE-Modell (siehe »Ich lerne gerne«) einsteigen, um den Fokus für das Coaching zu klären.

Commitment-Phase

Bis zu dieser Phase haben Sie einen wesentlichen Grundstein für ein erfolgreiches, zielorientiertes CoJ gelegt. Sie haben den Rahmen abgesteckt und mit der Auftragsklärung wurde schon die erste Intervention gesetzt, ganz nach dem Motto: Man kann nicht nicht intervenieren.

Wann ist eine Intervention wirksam? Sobald sich bei der Person gegenüber sofort oder später andere Sichtweisen auf Themen oder Probleme einstellen. Vielleicht öffnen sich neue Handlungsoptionen. Oder der Zugang zu den eigenen Ressourcen wird wieder größer, Ihre Mitarbeitenden gewinnen neue Energie. Was wollen Sie mehr. Zeigen Sie nun Ihren Mitarbeitenden auf, was die einzelnen Schritte nach dem CoJ sind, wie es weitergeht und welche Erwartungen Sie als Führungskraft an sie haben.

Zum Abrunden folgt nun die Commitment-Phase, d. h. Sie fassen die relevanten Themen zusammen und stellen die Frage:

- »Sind das die für Sie relevanten Themen und sind Sie mit der Vorgehensweise einverstanden?«.
- »Können wir gemeinsam diesen Weg gehen?«

Mit dieser geschlossenen Frage schaffen Sie die Verbindlichkeit, die Ihre Mitarbeitenden und Sie auf dem Entwicklungsweg begleitet.

Ergänzende Zusammenfassung:

Nachfolgend finden Sie eine Übersichtstabelle über Fragen für das Vorgespräch, die das Kapitel erweitert und vertieft.

Element des Vorgespräches	**Coachingelemente**
Motivation	• Wie ist das für Sie, wenn ich Sie heute beim Kundenbesuch begleite? • Was brauchen Sie von mir, um gut lernen zu können? • Welche Ziele setzen Sie sich? • Welche Erwartungen haben Sie an mich? Dialog zur Motivation führen: den Lerntyp berücksichtigen! (Lernwillige, Alleskönner, Bequeme oder Kläger!)
Agenda des Coachings darstellen	Sie als Führungskraft stellen die Agenda, den Ablauf mit den Lernphasen vor. Ihre Mitarbeitenden werden darauf vorbereitet, dass sie im Laufe des Coachings auch evtl. Rollenspiele nach den Live-Termin machen werden. Der Rahmen des Coachings wird fixiert.

Element des Vorgespräches	**Coachingelemente**
Situationsanalyse	• Wen besuchen wir heute? • Wie haben Sie sich vorbereitet? • Was erwarten Sie?
Maximal-/ Minimalziel	• Was ist Ihr langfristiges, strategisches Ziel bei diesem Kunden? • Was ist Ihr Maximalziel? • Was ist das Minimalziel, das Sie heute erreichen wollen?
Strategie	• Was macht Sie sicher, dass Sie das Maximalziel in diesem Gespräch erreichen können? • Welche Argumente und welche Vorinformationen sprechen dafür?
Einwände	• Mit welchen Einwänden rechnen Sie? • Wie wollen Sie diesen begegnen?
Zusammenfassung der Strategie	Sie, als Coach, fassen zusammen: »Zusammengefasst haben Sie folgende Ziele ... und folgende Strategie ...«. Sie lassen sich gerne korrigieren, wenn Ihr Mitarbeitenden sich missverstanden fühlen.
Verkäufer-persönlichkeit und Learnings	• »Wenn Sie schon jetzt an den Ablauf des Verkaufsgesprächs und dessen Phasen denken (z. B. Kontakt, Bedarfsweckung, Angebot, Abschluss), was können Sie schon gut?« • »Was noch nicht?« Sie als Führungskraft, erarbeiten die Übungsfelder.
Fokus für die Beobachtung festlegen	• »Dann achte ich in diesem Coaching on the Job besonders auf ...« Bitte beobachten Sie nicht nur die Übungsfelder, sondern auch die Qualität des persönlichen Kontaktes zwischen Ihren Mitarbeitenden und den jew. Kunden (nervös, kraftvoll, kraftlos, autoritär) sowie weitere Fähigkeiten, wie Sich-an-das-Gegenüber-Angleichen, Empathiefähigkeit, Flexibilität, usf.«
Absprache	• Wie stellen Sie mich vor? • Ich werde nur kurz etwas zu mir sagen und mich dann in zweiter Reihe halten!

Teil 4

Die bewusste Nicht-Kompetenz – Beobachtung, Feedback und Nachbesprechung

»Meine erste und gleichzeitig wichtigste Erkenntnis während der Sales Coach-Ausbildung war – die Lösung liegt immer im Coachee«

»In meiner knapp 25-jährigen Berufslaufbahn durfte ich viele Seminare und Weiterbildungsangebote genießen – die Ausbildung zum Sales Coach bei IFSM war dabei sicherlich eine der besten und hochwertigsten«.

Tobias Fromm, Leiter Vertrieb, AOK Baden-Württemberg

Die Hinführung zur bewussten Nicht-Kompetenz

In diesem Kapitel möchten wir ausführlich auf die Live-Beobachtung und das im Anschluss stattfindende Nachgespräch fokussieren. Zur Vorbereitung können Sie folgende Fragen unterstützen:

- Was kann ich während des LIVE-Gespräches beobachten?
- Wie kann ich mein Feedback an die Mitarbeitenden vorbereiten?
- Wie kann ich durch Feedback den »Teachable Moment« erreichen (Bewusstwerden der Nicht-Kompetenz bzw. des Übungsfeldes)?

Erst danach kann ich im Coaching on the Job an ein bewusstes, aktives Coaching/Training zur Optimierung der Vertriebsleistung gehen.

Viele Vertriebsmitarbeitende wünschen sich bei der LIVE-Beobachtung: »Gut, dass ich dann mal ein objektives Feedback von außen bekomme.« Doch das geht leider nicht!

Die Mitarbeitenden, die sagen: »Aber das ist dann Ihre Ansicht!« haben nicht unbedingt den höchsten Veränderungswillen. Sachlich haben sie recht! Es ist und bleibt ein subjektives Feedback. Sie als Führungskraft haben Ihre eigene Brille auf. Und Ihr Feedback geschieht durch eben diese Brille. Sie können sie gar nicht absetzen. Aber Sie sollten Ihre eigene Brille gut kennen.

- Wie beobachte ich meine Vertriebsmitarbeitenden?
- Was fokussiere ich?

Schließlich sind auch Sie ein bestimmter Führungstyp. Wenn Sie ein statusorientierter Mensch sind oder Macht und Geltung Ihnen wichtig sind, dann werden Sie andere Beobachtungen machen, als wenn Beziehungen, menschliche Nähe und Harmonie zu Ihren wichtigsten Motiven gehören. Trainieren Sie sich, auch ein

Auge für die Felder an, die nicht in Ihrem automatischen Blickfeld liegen. Und akzeptieren Sie grundsätzlich, dass Ihre eigenen Kriterien nicht unbedingt die existenziellen Grundbausteine Ihrer Mitarbeitenden sind. Lassen Sie da ein wenig Luft. Vielleicht fällt Ihnen auf, dass die Kunden schon starkes Interesse an einem bestimmten Modell haben. Ihren Mitarbeitenden ist aber noch eine lobende Nachfrage nach der Sorte des Blütenschmucks auf dem Tisch wichtig, den Sie überhaupt nicht wahrgenommen haben. Wer sagt, ob nicht der Kunde noch viel gewogener ist, wenn er merkt, dass die von ihm gewählte Deko auf echtes Interesse stößt.

- Sie wissen, dass Ihr Feedback subjektiv ist. Damit ist es natürlich nicht falsch. Nur eben auch nicht »unfehlbar«.

- Wichtiger als die Frage von subjektiv und objektiv ist aber die nach dem Mehrwert für Ihre Vertriebsmitarbeitenden. Wenn Ihr Feedback so ist, dass es den Beobachteten etwas bringt, eine Einsicht, ein Aha-Erlebnis, vielleicht auch ein Schmunzeln oder ein Erschrecken, dann ist ein Teachable Moment entstanden, mit dem in Zukunft etwas anzufangen ist.

Doch bevor Sie Feedback geben können, heißt es nun, gemeinsam zum Kunden zu gehen. Ein paar Regeln sollten Sie dabei beachten.

Die fünf goldenen Regeln als Führungskraft für eine LIVE-Beobachtung

Als Führungskraft wird die reine Live-Beobachtung in der Regel zu einer echten Geduldsprobe. Vielleicht möchten Sie am liebsten einspringen oder selbst etwas sagen. Erinnern Sie sich an Ihr Versprechen im Vorgespräch: »Heute halte ich mich raus und konzentriere mich auf die Beobachtung, damit ich am Ende ein qualitativ hochwertiges Feedback geben kann.«

Um diese Vorgaben auch zu erfüllen, gibt es fünf goldene Regeln, die Sie bei Live-Beobachtungen im Coaching on the Job beherzigen sollten:

1. Informieren Sie Ihre Mitarbeitenden, wie Sie sich im Kundengespräch verhalten werden.

Starten Sie ruhig mit den Fragen: »Welche Erwartungen haben Sie an mich, wenn ich jetzt mit zum Kunden gehe? Wie soll ich mich verhalten?« Es geht bei diesen Fragen darum, die inneren Bilder und Erwartungen abzuklären. Kommt ein »Wenn es brenzlig wird, helfen Sie mir!«, sollten Sie ruhig eine Grenze ziehen. »Frau Karl, ich kann Ihren Wunsch gut nachvollziehen, werde mich jedoch heute ganz still und ruhig verhalten, denn Sie stehen im Mittelpunkt. Wenn ich eingreifen würde, würde ich nur Ihre Kompetenz beim Kunden in Frage stellen. Ich stelle mich am besten beim Kunden so vor...« (Siehe Punkt 2)

2. Informieren Sie den Kunden zu Beginn über Ihre Rolle!

Sagen Sie dem Kunden, dass Sie heute gerne zuhören möchten und die Mitarbeiterin/der Mitarbeiter das Gespräch deshalb allein leiten wird. Als Begründung können Sie gerne sagen: »Wir begleiten uns gegenseitig bei Kundenbesuchen, um unsere Arbeitsfelder kennenzulernen und unsere Arbeit besser auswerten zu können.« – Oder Sie sagen: »Ich kenne mich in diesem speziellen Gebiet nicht so gut aus, wie mein Mitarbeiter/meine Mitarbeiterin und würde deshalb gerne dabei zuhören.« Beide Angaben sind legitim und in der Regel stimmen sogar beide. Auch Sie sollten sich in Ihren Verkaufsgesprächen begleiten lassen. Und welcher Chef kennt sich in den Produktdetails wirklich noch so gut aus, wie seine spezialisierten Mitarbeitenden? Entscheidend ist, dass Ihre Kunden verstehen, warum Sie dabei sind und stumm mit am Tisch sitzen. Sie sollen der Situation trauen können. Dazu müssen sie Sie verstehen.

3. Halten Sie Ihre Mimik im Griff

Weder ein bestätigendes Nicken noch ein verzerrter Mundwinkel sind im Coaching on the Job ratsam. Jede mimische Kommentierung des Verkaufsprozesses hat Einfluss auf den Verlauf des Gesprächs. Von daher ist eine gleichbleibend freundliche, nicht starre Mimik gegenüber der Interaktion und dem Kunden ratsam.

4. Seien Sie auch ruhig, wenn das Geschäft zu scheitern droht

Nur wenn Ihre Mitarbeitenden auch Fehler machen dürfen, können sie lernen. Es ist von daher wichtig, dass Sie auch dann ruhig bleiben.

5. Ermöglichen Sie einen späteren Erfolg

Wenn Sie nach dem Gespräch das Gefühl haben, hier haben Ihre Vertriebsmitarbeitenden etwas Wichtiges versäumt, können Sie so eingreifen: »Liebe Frau Mustermann, vielen Dank auch von meiner Seite für das Gespräch. Wenn uns im Nachhinein noch etwas einfallen sollte, dürfen wir Sie dann noch einmal anrufen?«

Wenn Sie so vorgehen, haben Sie die volle Konzentration auf den Prozess und nicht auf die Frage gerichtet: »Wann muss ich eingreifen, damit ich das Geschäft noch retten kann?«. Sie sind jetzt in einer ganz anderen Rolle, in der Rolle als Sales Coach und somit Personalentwickler und -entwicklerin vor Ort. Geben Sie Ihren Mitarbeitenden die Chance am Erfolg und am Misserfolg zu lernen – verbunden mit einem klaren, offenen, herzlichen und detaillierten Feedback.

Was beobachten Sie nun während des Kundengespräches? Starten wir vorab mit ein paar Gedanken zur Wahrnehmung.

Die Bedeutung von Wahrnehmung im Lernprozess

Zu Beginn eine kleine Übung zum Ausprobieren:

Für diese Übung wäre es wichtig, dass Sie sich eine Person wählen. Das kann Ihr Lebenspartner oder Ihre Lebenspartnerin sein oder ein/e Freund/in oder Kolleg/in. Erwägen Sie, ob es sinnvoll sein könnte, eine Person zu wählen, die sich charakterlich/interessensmäßig oder auf andere Weise (kultureller Hintergrund, Geschlecht, Alter etc.) von Ihnen unterscheidet.

Suchen Sie sich gemeinsam einen Gegenstand aus, der Sie beide interessiert: »eine Pflanze, ein Haus...« Der Gegenstand sollte sich nicht bewegen.

Nehmen Sie sich eine Stoppuhr und geben Sie sich beide den Auftrag, diesen Gegenstand 15 Minuten lang zu beobachten. Schreiben Sie dabei getrennt voneinander auf einem leeren Blatt Papier auf, welche Adjektive ihnen zur Beschreibung dieses Gegenstandes einfallen.

Nach den 15 Minuten lesen Sie sich die Liste vor und vergleichen, wie viele gemeinsame Adjektive Sie für den gleichen Gegenstand gefunden haben. Gleichzeitig können Sie reflektieren, bzw. sich von der Person Feedback geben lassen, zu der Frage: »Was denkst Du, haben meine Adjektive mit meiner Persönlichkeit zu tun?«

Aus dieser Übung lassen sich drei maßgebliche Erkenntnisse für das Coaching on the Job ableiten:

Erste Erkenntnis: Lernen durch Irritation

Vielleicht war es für Sie nicht leicht, sich 15 Minuten lang auf einen Gegenstand zu konzentrieren. Manche Führungskräfte erleben diese Übung in sehr unterschiedlichen »inneren Wellen der Konzentration«:

Erste Welle: Ich schreibe schnell auf, was mir einfällt und was ich beobachten kann (oberflächliche Abarbeitung).

Zweite Welle: Ich langweile mich und schweife in den Gedanken ab (Irritation – Was mache ich denn hier?).

Dritte Welle: Ich konzentriere mich wieder und kann plötzlich Sachen erkennen, die ich so noch nicht gesehen habe, ich entdecke immer wieder neue Punkte und werde innerlich ruhiger (neue Erfahrung).

Wenn Sie eine ähnliche Erfahrung, wie diese Wellenbewegung, gemacht haben, können Sie nachvollziehen, wie verhaltensorientiertes Lernen aufgebaut ist. Um neues Verhalten zu lernen, braucht es eine Irritation. Die Irritationsphase war sozusagen ihr »Teachable Moment«.

Viele Führungskräfte müssen schnell eine Fülle an Informationen aufnehmen und verarbeiten. Sie sind es nicht gewohnt, eine längere Zeit einen Gegenstand zu beobachten und zu fokussieren. Außerdem wird Ihnen die Übung vielleicht anfangs auch nutzlos vorkommen. Weil sie in der Regel sehr ziel- und zweckorientiert handeln müssen, sträubt sich zunächst einmal die innere Motivation gegen diese Übung. Diese Erfahrungswerte lösen letztendlich eine innere Irritation aus:

- auf der einen Seite der innere Wille, die Übung pflichtbewusst zu Ende zu bringen,
- auf der anderen Seite die Ziel- und Zweckorientierung des Alltages und die tägliche Erfahrung der Schnelligkeit.

Wenn Sie sich nun in dieser Irritationsphase dazu überwunden haben, diesen Gegenstand weitere Minuten zu fokussieren, wird für Sie eine neue Erfahrung sichtbar. Sie erfahren, dass Sie plötzlich noch ganz andere Details am Gegenstand erkennen können. Vielleicht kommen Sie hierbei auch mehr und mehr zur inneren Ruhe und lieben plötzlich diese Übung. Ein Manager hat uns nach dieser Übung einmal gesagt: »Es war wie in meiner Kindheit, als ich Zeit hatte mich mit einer Sache sehr lange zu beschäftigen«. Allgemein könnte man dann hier von einem sogenannten »Flow-Erlebnis« sprechen: »Alles um mich herum habe ich ausgeschaltet und mich nur auf diesen Gegenstand konzentriert. Dabei bin ich zum Teil mit dem Gegenstand sogar verschmolzen«.

Im Coaching on the Job haben Sie manchmal die Aufgabe, solche Irritationserlebnisse auszulösen, um Lernen zu fördern. Das führt uns zur zweiten Erkenntnis:

Zweite Erkenntnis: Aufmerksamkeitsfokussierung

Durch Fokussierung und Verlangsamung ist es Ihnen gelungen, viele neue Details festzustellen. Wenn Sie Ihrem Coachee einen Mehrwert bieten wollen, müssen Sie im Live-Gespräch beim Beobachten wieder so handeln. Die Feedbackqualität für das Nachgespräch steigt um ein Vielfaches, wenn es Ihnen im Live-Gespräch gelungen ist, sich auf die Beobachtung von Details zu beschränken. Während Ihr Coachee sich im Gespräch nicht auf ein Detail konzentrieren darf, sondern »live« agieren und reagieren muss, und dabei auf das Zusammenspiel vieler Faktoren gleichzeitig achtet, haben Sie einen wesentlichen Vorteil: Sie dürfen sich auf einen Fokus besonders konzentrieren und können hierzu Feedback geben! Diesen Vorteil sollten Sie nicht außer Acht lassen. Unterstützend ist, wenn Sie gleichzeitig sich selbst auch beobachten, mit welcher inneren Haltung Sie auf diesen Fokus schauen.

Dritte Erkenntnis: Die innere Haltung – Meine Beobachtung und Ich

Dritte Erkenntnis aus dieser Übung könnte sein, dass Sie einen engen Zusammenhang zwischen den aufgeschriebenen Adjektiven und Ihrer Persönlichkeit feststellen können. Wenn Sie sich nach der Beobachtung von einem Freund/einer Freundin zu den Adjektiven Feedback geben lassen, werden Sie dies aus dem Feedback erkennen können.

Das Fazit aus dieser Übung ist eine Grundlage unseres sozialen Handelns und Wahrnehmens:

Was wir beobachten und wie wir Beobachtungen verarbeiten ist davon abhängig, welche Vorerfahrungen wir in unserem Leben gemacht haben.

Hierzu ein Beispiel:

Nehmen wir an, eine Führungskraft konnte sich schon in ihrer Schulzeit gut durch die ihre eigene humorvolle Art auf dem Schulhof vermarkten. Die Wahrscheinlichkeit ist hoch, dass diese Führungskraft auch im Vertriebsalltag ein Großteil seines Erfolges auf den besonderen Witz und Charme zurückführt. Nehmen wir nun an, diese Führungskraft trifft auf Mitarbeitende, die eher durch Verlässlichkeit und durch Ordnungssinn bei den Kunden punkten. Sie sind beliebt bei den Kunden, weil sie in ihnen verlässliche Gegenüber haben, die die Gespräche akribisch vorbereiten.

In einem schlechten Feedbackgespräch wird die Führungskraft wie folgt Feedback geben: »...im Übrigen sollten Sie mal lockerer werden.... Haben Sie gesehen, wie ich mit den Witzen punkte...?«

Wahrscheinlich werden Ihre Mitarbeitenden sich für das Feedback noch bedanken und innerlich denken: »Wenn ich das so machen würde, wäre ich nicht mehr ich. Er hat ja keine Ahnung, wie schlecht seine Witze manchmal sind...«

Die Aufgaben erfolgreicher Führungskräfte in der Rolle als Sales Coach sind also:

- den eigenen Weg zum Erfolg kritisch zu hinterfragen und zu erfahren, dass es auch viele andere Wege zum Erfolg gibt
- anstatt die eigenen Erfolgswege auf die Mitarbeitenden zu projizieren, gilt es, die eigenen Beobachtungen kritisch zu hinterfragen und zu erkennen: Was hat das Feedback, das ich gebe, mit mir zu tun? Hilft es der Persönlichkeit der Mitarbeitenden überhaupt? Wie gut gelingt es mir, die Persönlichkeit und das Vorgehen der Person, die ich begleite, genau zu beobachten? Überlegen Sie sich:

– Was macht diese Person im Vertrieb erfolgreich?
– Was zeichnet die Person besonders aus und welches Verhaltensfeedback ist dementsprechend anschlussfähig?

Alle drei Erkenntnisse sind wichtig für unsere Haltung bei der LIVE-Beobachtung in Vertriebsgesprächen. Ein werthaltiges Feedback an den Coachee ist in starkem Maße abhängig von unserer »Inneren Ruhe« und dem Fokus unserer Beobachtung. Wenn wir für den Coachee werthaltiges Feedback geben möchten, sollten wir

- uns auf einen Beobachtungsfokus einstellen

- lernen, diesen Beobachtungsfokus auch zu genießen, um nicht innerlich abzuschweifen und

- bereit sein, dem Coachee eine Erfahrung der Irritation zu geben.

Ein Fokus könnte zum Beispiel sein, dass Sie gezielt das Verhalten beim Stellen von offenen Fragen beobachten. Schon dieses einfache Beispiel kann eine ziemlich komplexe Beobachtungsaufgabe sein, denn wir müssen...

- ...die mitarbeitende Person beobachten, wie und wann sie offene Fragen stellt (durch das Zählen und Beobachten allein wird kein werthaltiges Feedback entstehen),

- ...beobachten, wie sie dem Kunden durch ihre Interaktion Chancen gibt, weitere Fragen zu stellen. Sprich, welche Fragen hätte die Person noch stellen können?

- ...beobachten, was die Fragen zwischen den Beteiligten auslösen. D. h. wir lenken unseren Fokus auf die Auswirkung der Fragen im Kundengespräch.

Vielleicht zeigen Ihnen dieses einfache Beispiel und die Übung, warum es zukünftig Unsinn wäre, eine LIVE-Beobachtung beim Kundengespräch mit dem Satz zu vorzubereiten: »Sind Sie einverstanden, dass ich heute einfach mal auf alles achte, oder?«

Je stärker es Ihnen nun gelingt, eine Fähigkeit konzentriert zu beobachten, umso intensiver wird im Nachhinein auch das Feedback sein.

Schauen wir nun einmal auf die Kriterien, die Sie in einem Verkaufsgespräch beobachten können.

Kriterien der Wahrnehmung beim Kundengespräch

Nachfolgend stellen wir Ihnen unser ifsm Verkaufsmodell vor, nicht in dem Sinne, dass es allgemeingültig ist, sondern als Reibefläche oder Bestätigung zu dem Verkaufsmodell in Ihrem Unternehmen. Die Stufen zeigen Ihnen, welche Verhaltensweisen bei den einzelnen Schritten beobachtet werden können. Sicherlich wird damit deutlich, wie komplex der Prozess des Verkaufens ist und wie vielfältig die Coachingmöglichkeiten sind.

Das zehnstufige ifsm-Verkaufsmodell

nach Uwe Reusche/Klaus Kissel, ifsm

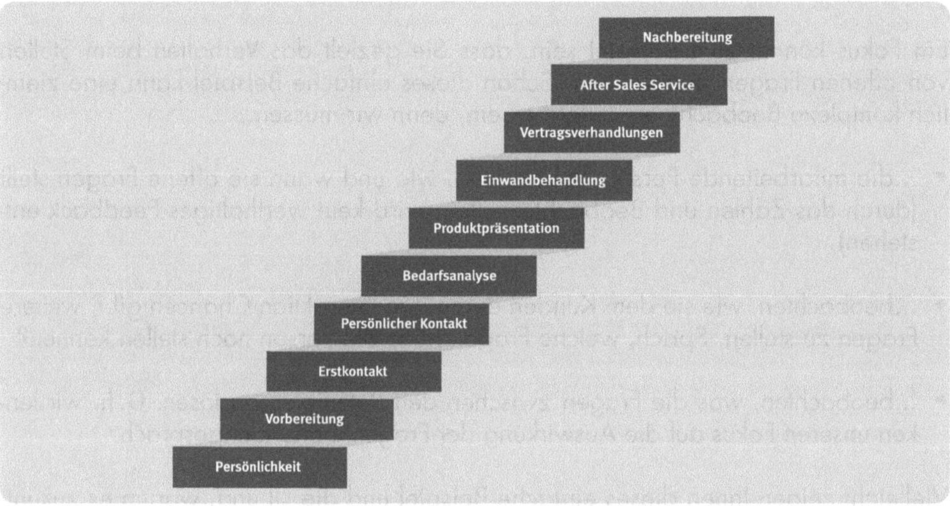

Jedes Stufenthema kann nun von Ihnen fokussiert werden. Jede Stufe verlangt ein anderes Verhalten, ein anderes Vorgehensmodell und ein anderes kommunikatives Tool. Und diese Liste von beobachtbaren, kriterienorientierten Verhalten kann noch um ein Vielfaches ergänzt werden. Gehen wir nun gemeinsam auf die einzelnen Punkte ein:

Stufe 1: Persönlichkeit Vertriebsmitarbeitende

Die Wirkung, die ein Mensch hat, hängt von unterschiedlichen Faktoren ab. Eine Person wirkt also niemals an sich, sondern immer in Bezug auf ihre Umgebung.

Wenn sich Menschen begegnen, die sich nicht kennen, bestimmen die ersten 90 Sekunden des Zusammentreffens über eine positive oder negative Wirkung auf das Gegenüber. Dabei ist es nicht relevant, wie jemand wirken will, sondern wie andere dessen Wirkung einschätzen. Wissenschaftliche Studien belegen, dass dem Ausdruck der Körpersprache und der Stimme hierbei ein enormes Gewicht zukommen, die Worte dagegen eine geringere Wirkung haben. Deshalb ist es wichtig, auf die Persönlichkeit der Verkaufsperson zu achten. Folgende Kriterien können hierbei beobachtet werden:

- Verständliche und klare Aussprache (z. B. Dialekt oder Hochdeutsch? Eine im Dialekt gefärbte Sprache ist dabei durchaus erwünscht und sympathisch, unverständliche regionale Worte dagegen oft hinderlich.)
- Angemessene Lautstärke (laut/leise)
- Abwechslungsreiches Sprechtempo (schnell/langsam)
- Lebendige Sprechmelodie (hoch/tief)
- Ausdrucksfähigkeit (aktiver/passiver Wortschatz)
- Genügend Pausen
- Rhetorische Fähigkeiten (z. B. das Stellen offener Fragen)
- Der Situation angepasstes, gepflegtes Äußeres (Kleidung, Haare etc.)
- Passende Gestik (Hände) und Mimik (Gesicht)
- Passende Körperhaltung und Körperbewegung (Hier geht es vor allem um die Frage, ob die Grundbewegungsarten wie annähern und sich entfernen zum Gegenüber passen)
- Wie sind die Bewegungen im Spannungsfeld der Gegensätze: fließend – eckig; schwer – leicht; zielgerichtet – fahrig; groß – klein; langsam – schnell?
- Die Übereinstimmung von Inhalt und Ausdruck
- Wie setzt die Verkäuferin, der Verkäufer Medien ein?
- Wie ist das Verhalten im Blickkontakt? – Kann er/sie Blickkontakt halten und freundlich erwidern? Wird immer wieder ausgewichen?
- Grundformen des Anstands (Warten, bis ein Platz angeboten wird, etc.)

Auf diese unterschiedlichen Verhaltensweisen können Sie in der LIVE-Beobachtung fokussieren und später Feedback geben. Sie sehen schon, dass es eine Vielzahl von Beobachtungsmöglichkeiten gibt, zu denen wahrscheinlich jeder Leser und jede Leserin noch weitere beitragen könnte (Übrigens freuen sich die Autoren dieses Buches über Ihre weiteren Kriterien – und generell über Ihre Anregungen – denn natürlich können auch wir nicht »auslernen«! Schreiben Sie uns und wir werden Ihre Kriterien in unseren Beobachtungskatalog integrieren.)

Stufe 2: Vorbereitung

Auch in der Vorbereitung von Kundenterminen liegen Möglichkeiten für ein Coaching on the Job. Diese beziehen sich natürlich im Wesentlichen auf die Optimierung des eigenen Selbstmanagements. Hier geht es darum, den eigenen Vorbereitungsprozess zu reflektieren und zu optimieren. Mögliche Leitfragen sind:

- Wie bereite ich Kundentermine vor?
  Die vorherige Informationsbeschaffung ist eine wichtige Tugend im Vertrieb. Viele stolpern immer noch unvorbereitet in einen Kundentermin hinein. Manche haben durch einen gewinnenden Auftritt zuweilen trotzdem Erfolg. Das lässt sie dann daran zweifeln, dass Vorbereitung Sinn machen würde. Hier hilft eine erarbeitete, positive Erfahrung im Live-Gespräch. Ihre Vertriebsmitarbeitenden können selbst merken, wie gut es beim Kunden ankommt, wenn sie die neuen möglichen Geschäftspartner auf einen Presseartikel der Kundenfirma ansprechen können. Das sind recht einfache Dinge, an denen deutlich wird, wie auch Kunden direkt und positiv auf eine gute Vorbereitung reagieren.

- Die Routenplanung als effektives Zeitmanagement
  Auch bei diesem Punkt lernen wir immer wieder Vertriebsmitarbeitende kennen, die sagen: »Auf die Routenplanung habe ich nur einen geringen Einfluss, das geben mir der Kunden ja vor.« Hier ist es wichtig, als Sales Coach die Zusammenhänge zwischen Verhandlungsgeschick und Zeitmanagement zu hinterfragen und zu beobachten. Begleiten Sie diesen Mitarbeitenden als Führungskraft bei den nächsten Terminvereinbarungstelefonaten. Hier können Sie gemeinsam eine erfolgreiche Strategie erarbeiten, wie man trotz verschiedener Kundenwünsche bei den zu führenden Terminabsprachen zu einer zeitoptimierten Routenplanung kommen kann, ohne die Kunden zu enttäuschen. Gleichzeitig sei hier erwähnt, dass es heute hierfür sehr geschickte IT-Lösungen gibt, die ein Coaching zu diesem Thema überflüssig machen.

- Vorbereitung planen!
  Wichtig ist es auch, die Vorbereitung als festen Bestandteil im Zeitmanagement einzuplanen und in der Vorbereitung prioritätenoptimiert vorzugehen. Als Führungskraft können Sie hier folgende Fragen stellen:
  - »Wann führen Sie Ihre Vorbereitung durch?« (abends spät oder geplant tagsüber)
  - »Wie wichtig ist Ihnen dieser Teil Ihrer Arbeit?«
  - »Welche fünf Infos möchten Sie über jeden Kunden vorab abprüfen, bevor Sie ihn besuchen?«
  - Wenn Ihre Vertriebsmitarbeitenden auf die vorangegangene Frage keine Punkte nennen können, können Sie gemeinsam 5 Infos festlegen. Achten Sie darauf, dass Informationen dabei sind, die allein den Kunden betreffen, aber

für den Aufbau einer guten Gesprächsatmosphäre dienlich sind. Finden Sie auch die Informationen, die im Zusammenhang mit Ihrer Firma und Ihrem Produkt relevant sein können.
– »Wie bereiten Sie den Small Talk – das Beziehungsmanagement vor?« Oft werden nur die Produktpräsentation und die Produktthemen vorbereitet – eine vorbereitende Auseinandersetzung mit dem Kunden als Persönlichkeit erfolgt selten.
– »Was ist Ihr Maximalziel, was Sie bei diesem Gespräch erreichen möchten? Was ist Ihr Minimalziel?«
– »Was ist für Sie ein optimales Zeitfenster in jeder Woche, an denen Sie sich für die kommenden Termine vorbereiten? Diese Zeitfenster können Sie jetzt in Ihren Kalender als fix für jede Woche eintragen.«

Stufe 3 und 4: Erstkontakt und persönlicher Kontakt

Der persönliche Kontakt und der Kontakt zu dem Produkt sind im Verkaufsprozess von Bedeutung. Die Reihenfolge der Wichtigkeit kann dabei verschieden sein. Wenn Sie herausfinden wollen, was im konkreten Fall von größerer Relevanz ist, hier einige Gedanken: Je höher das Ansehen und die Bekanntheit eines Produktes sind, umso wichtiger ist es, diese Marke oder das Produkt auch im ersten Kontakt zu betonen. Es macht hier keinen Sinn, sich wichtiger zu machen als das Produkt (Bsp.: Porsche oder iPad).

Ist das Produkt oder die Marke aber eher unbekannt, geht der erste Kontakt immer nur über die Beziehung zum Verkäufer/zur Verkäuferin. Hier kommt es darauf an, den Menschen im Kunden zu gewinnen und sein Herz anzusprechen.

Das heißt für Sie, als Führungskraft in der Rolle Sales Coach, dass Sie neben den Aspekten des **taktisch-methodischen Vorgehens,** wie zum Beispiel:

- Wie gestalten die Vertriebsmitarbeitenden die Ansprachestrategie?
- Durch welche Frage gewinnen sie das Interesse und wecken die Neugierde beim Kunden?
- Wie gehen sie souverän mit Einwänden in der Kennenlernphase um?

auch die Aspekte der **persönlichen Haltung** reflektieren:

- In welcher Haltung erleben Sie die Vertriebsmitarbeitenden beim Kontaktaufbau?
- Wie würden Sie das Auftreten auf einer Skala von »zu überzeugend und aufschneidend« bis »hilflos und unsicher« beurteilen? (Es gibt hier auch die Möglichkeit einer positiven Übertreibung – ein zu sicheres Auftreten, dass den Gegenüber eher »vorsichtig« macht. Auch ein unsicheres Verhalten lässt die Kunden natürlich auf Distanz gehen).

- Gilt das Interesse dem Menschen im Kunden, oder eher doch nur dem Produkt und dem Abschluss?

Schon allein aus diesen Aspekten lassen sich viele Feedbacks für die Vertriebsmitarbeitenden im Nachgespräch generieren.

Wir unterscheiden in unserem Modell den Erstkontakt und den persönlichen Kontakt, da in verschiedenen Branchen zunächst im Vorfeld ein Kontaktaufbau per Telefon vorgesehen ist, bevor man sich das erste Mal persönlich trifft. Letztendlich geht es hier in der Beobachtung jedoch um die gleichen Aspekte: Wir möchten bei den Kunden Interesse erzeugen, um möglichen Einwänden überzeugend entgegenzutreten.

Ein zentrales Element im persönlichen Kontakt ist: echtes Interesse am Gegenüber. Sie erinnern sich sicherlich noch an unsere Verkaufsdefinition »Verkaufen heißt, den Menschen im Kunden zu gewinnen und Ziele zu erreichen«. Wie gewinnen Ihre Vertriebsmitarbeitenden den Menschen, der gegenübersitzt? Welche Fragen stellen sie? Manchmal ist die Warm-up-Phase sehr kurz und wird zum Small Talk, z. B. mit Floskel wie »Wie geht es Ihnen?« »Wie gut sind Sie hier hergekommen?«, oder man redet über allgemeine Themen, die zurzeit durch die Presse gehen. Den Menschen gewinnen, heißt hinter die Kulissen zu sehen, was bewegt das Gegenüber, was sind die Gründe, warum er oder sie das eine tut und das andere lässt – also vom Small Talk hin zum »Deep Talk«.

Oft wird es erst nach dem persönlichen Teil für die Kunden interessant, wie der Vertriebsmitarbeitende die allgemeinen Leistungen der Firma vorstellt. Nicht nur: »Ich bin nett und das Produkt ist toll« – sondern eben auch: »Wir sind ein gutes Unternehmen, bei dem Qualität selbstverständlich ist!«

Wenn es ihm im Gesamtpaket in dieser Phase gelingt, eine persönliche »Erfolgsstory« zu erzählen, die im Gespräch kongruent ist zu seinem persönlichen Handeln und Tun, ist die Chance, dass er hiermit Interesse beim Gegenüber weckt, enorm hoch.

Stufe 5: Bedarfsanalyse

In dieser Phase ist, nach unserer Beobachtung, oft der höchste Lernbedarf angesiedelt. Die meisten Fachspezialisten im Vertrieb brennen schon richtig darauf, ihren Kunden ihre Produkte und Dienstleistungen zu erklären. Fachlich wurde man ja schließlich lange geschult und bringt auch oft aus dem eigenen beruflichen Werdegang viel Know-how mit. Diese Fachspezialisten leiten hier oft mit den Worten ein: »Gut, kommen wir nun mal zu dem Punkt, warum ich hier bin!« Die Frage bleibt, warum dann ein persönlicher Kontakt, wenn der zentrale Punkt die Produktpräsentation ist? Small Talk und Aufwärmphase als notwendiges Übel?

Unser Verständnis ist, dass wir bei jeder neuen Produktpositionierung oder bei Anfragen der Kunden, die aktuelle Situation der Kunden und deren systemische Umwelt neu erforschen.

Hierzu sollten Ihre Vertriebsmitarbeitenden verschiedene Frageformen wählen:

- situative Fragen, um die Situation des Kunden zu analysieren
- Fragen zu aktuellen Problemen oder Zukunftswünschen
- Fragen zu Auswirkungen und zu Motiven der Kunden (Was ist Ihnen wichtig? Wie wirkt sich das Problem aus?)
- Fragen zu Wünschen und bisherigen Lösungen
- Fragen zu Hypothesen (Angenommen, wir könnten Ihnen mit... helfen, wäre das etwas für Sie?)

Ein Mix aus offenen und geschlossenen Fragen zeichnet effektive Beratung aus. Es geht um Fragen, die die Kunden anregen und durch die der Kunde merkt, »ja, es war gut mit diesem Problem zu einem Verkäufer zu gehen«. Hier zeichnet sich der Mehrwert ab, den ein Verkäufer erzielen kann.

Stufe 6: Produktpräsentation

Nach der eingehenden Analyse des Bedarfes geht es darum, dass die Verkaufsmitarbeitenden das Produkt oder die Dienstleistung positioniert. Es wurden nun genug Informationen von den Kunden gesammelt, um diese mit den Produktmerkmalen zu verknüpfen.

Hier können Sie als Sales Coach besonders darauf achten, inwieweit es den Mitarbeitenden gelingt, die Lösung so zu präsentieren, dass es zu der Bedarfsanalyse passt.

Beobachtungsfragen können sein:

- Wird das Produkt oder die Dienstleistung so beschrieben, dass dies zu den Wünschen/Bedürfnissen des Kunden passt?
- Wird bei der Präsentation auch auf die Motive eingegangen? Nutzen und Vorteil des Produktes beschrieben, oder werden nur die Produktmerkmale beschrieben?
- Wird die Präsentation durch Visualisierungsmerkmale unterstützt? (Werbematerial oder Skizzen)?
- Wird eine nutzenorientierte Wortwahl bei der Präsentation gewählt?
- Wird der Preis selbstbewusst genannt?

Stufe 7: Einwandbehandlung

Sie merken schon beim Lesen: Wenn die Bedarfsanalyse und Bedarfsweckung in einer guten Atmosphäre stattfand und ergiebig war, dann reduzieren sich die möglichen Einwände der Kunden deutlich.

Einwände – woher kommen diese? Einwände sind nichts anderes als ein Film, den der Kunde in seinem Kopf dreht, während er mit Ihren Vertriebsmitarbeitenden spricht. In diesem Film sieht er sich und Ihr Produkt und sieht die Auswirkungen auf ihn und sein Unternehmen. Vielleicht ist einiges noch nicht klar, vielleicht sieht er einen Film ohne Happy End. Das hält ihn ab, die nächsten Schritte zu gehen.

Mit einem Einwand verhindern die Kunden, dass der schlechte Film in ihren Köpfen Realität wird. Die Kunden sorgen für sich – und es sollte ja auch die Sorge Ihrer Vertriebsmitarbeitenden sein, dass die Kunden mit dem Produkt wirklich zufrieden sind.

Es geht also in dieser Phase darum, dass die Vertriebsmitarbeitenden…

- …die Einwände ernst nehmen (wenn Ihre Mitarbeitenden in dem Gespräch anfangen, die Kunden zu überreden, z. B. mit der »Ja-aber-Technik«, werden neue Hürden aufgebaut),
- …die Einwände aktiv aufnehmen und weiterbearbeiten,
- …die Beweggründe hinter den Einwänden mit Fragen erforschen und die Lösung auf der Motivebene mit den Kunden gemeinsam suchen.

Im nächsten Abschnitt, wenn es um die Entwicklung einer bewussten Kompetenz geht, werden wir eine Intervention vorschlagen, in der wir Ihnen bei solchen Problemstellungen die AIKIDO-Strategie vorstellen. Hierbei geht es darum, die Einwände aufzunehmen und zunächst einmal zu entdecken. Wichtig ist dabei, dass die Vertriebsmitarbeitenden erkennen, dass es sich nicht um eine Methodik, sondern vielmehr um eine Haltung handelt. Es geht darum, die Einwände wirklich ernst zu nehmen, dann können wir sie auch entkräften.

Stufe 8: Vertragsgestaltung/Abschluss

Wie kommt man nun zu einem verbindlichen Geschäft? Für viele eine große Herausforderung – und eigentlich ganz einfach. Beobachten Sie genau, wie Ihre Mitarbeitenden Verbindlichkeit erzeugen. Werden die Kunden gefragt, was sie noch brauchen, um gemeinsam ins Geschäft zu kommen, wird die Verbindlichkeit schon angedeutet. Wenn »nichts« von den Kunden kommt, dann muss der Schritt gegangen werden, mit den Kunden, und letztendlich mit der Person, die entscheidet, gemeinsam über die Fertigstellung des Vertrages zu reden. Gratulation.

Stufe 9: After Sales-Service

After-Sales-Betreuung ist normalerweise ein wichtiger Bestandteil der Vertriebsstrategie.

Eine leistungsfähige und kundenorientierte After-Sales-Betreuung schafft einen wesentlichen Beitrag zur langfristigen Loyalisierung der Kunden und ist somit eine wichtige Voraussetzung für einen möglichen Wiederverkauf. Die Betreuung eines Kunden/einer Kundin darf nach dem Abschluss nicht enden. Darüber hinaus bleibt oft viel Raum für individuelle Vorgehensweisen.

Die Frage ist, wie gestalten Ihre Mitarbeitenden den After-Sales-Service und wie setzen sie die Vertriebsstrategie, die oben beschrieben wurde, um? Haben sie auch eine Strategie, um die Kunden etwa von einer evtl. Kaufreue abzubringen? Lassen Sie sich erzählen, wie sie vorgehen und was der Plan dazu ist.

Im Bereich des After-Sales-Service steht aber auch die Frage nach der Weiterempfehlung. In vielen Branchen ist es möglich, über eine aktive Weiterempfehlungskampagne neue Kunden zu gewinnen. Wenn dies möglich ist, sollte es in Verkaufsgesprächen genutzt und von Ihnen im Coaching als Beobachtungskriterium angeboten werden. Wenn Sie im Vorgespräch vereinbaren: »Sind Sie damit einverstanden, dass ich heute auch einmal beobachte, wie Sie die aktive Weiterempfehlung ansprechen?«, ist schon die Ankündigung der Beobachtung eine Intervention. Erfolgt die Weiterempfehlung dann auch und führt diese zum Erfolg, ist es für die Vertriebsmitarbeitenden eine aktive Erfahrung, die sie eher wiederholen werden, als wenn das Thema nur auf einem Meeting besprochen wird.

Stufe 10: Nacharbeit

Der Spruch von Sepp Herberger »Nach dem Spiel ist vor dem Spiel« ist trotz seines Alters immer noch sehr aktuell. Lassen Sie sich erzählen, wie Ihre Vertriebsmitarbeitenden die Analyse machen und wie sie dafür sorgen, dass die gewonnenen Informationen verwertet werden. Welche Informationen werden mit welchem Hintergrund wann und wie festgehalten?

Nun gilt es zu beobachten, wie die Vorgehensweise Früchte trägt.

Schauen wir nun auf das Feedback.

Feedback als ein Treiber für den Teachable Moment

Wenn Sie Feedback geben, ist das eine subjektive Rückmeldung, mit der Sie...

- Ihre Wahrnehmungen und konkreten Beobachtungen,
- Ihre Interpretation und Vermutungen,
- Ihre Gefühle (sprich was es in Ihnen auslöst) ausdrücken können.

Eine subjektive Rückmeldung aus dem Live-Coaching erfolgt letztendlich auf Basis Ihrer Beobachtungen. Wie schon erwähnt, werden Sie Ihre Beobachtungen aufgrund Ihrer persönlichen Verkäuferidentität sowie Ihrer Werte und Fähigkeiten machen. Es geht jedoch beim Beobachten nicht um eine Bewertung aus der Sicht Ihrer Wahrnehmungsbrille. Es geht auch nicht um Ihre Bewertung, was richtig und falsch ist. Es geht um die Wiedergabe Ihrer Beobachtung bezüglich der Interaktion zwischen Ihren Mitarbeitenden und den Kunden unter dem Aspekt der vorher vereinbarten Kriterien.

Hier können Ihre Vertriebsmitarbeitenden, aufgrund der von Ihnen gesammelten Beobachtungen, ihr Handeln mit den Aspekten und den Zielen, die sie sich im Vorgespräch mit Ihnen gesetzt haben, vergleichen.

Feedback geben im Nachgespräch

Was sind nun die Punkte für ein zielgerichtetes, klares und wertschätzendes Feedback im Rahmen einer Coaching on the Job-Maßnahme. Ziele sind, Entwicklungsschritte deutlich zu machen, Defizitbereiche aufzuzeigen und dabei den Teachable Moment zu ermöglichen. Schauen wir einmal gemeinsam auf ein paar unterstützende Leitlinien, damit Ihre Mitarbeitenden von Ihrem Feedback auch profitieren, bzw. es überhaupt annehmen können.

Achten Sie beim Feedback-Geben auf folgende Punkte:

- Beschreiben Sie das konkrete Verhalten
  Durch einen klaren Bericht über eine konkrete Beobachtung (z. B.: »Sie haben mir im Vorfeld Ihr Vorgehensmodell beim Kunden aufgezeigt. Die Phase der Bedarfsermittlung habe ich in dem Kundengespräch nicht erlebt.«). Sparen Sie sich eine Schlussfolgerung oder Interpretation (z. B.: »Sie können das nicht«).

- Geben Sie kriterienorientiertes Feedback
  Je klarer Sie im Vorfeld die Kriterien der Beobachtungen gemeinsam definiert haben, desto leichter können Ihre Mitarbeitenden nachzuvollziehen, was Sie meinen.

Ein Beispiel für kriterienorientiertes Verhaltensfeedback:

Frau Müller, wir hatten vereinbart, dass ich in diesem Gespräch auf die Struktur des Verkaufsprozesses achten soll. Die Kriterien basieren auf den in unserem Unternehmen vereinbarten Schritten:

- Aufwärmphase
- Bedarfsanalysephase
- Bedarfsweckungsphase
- Abschlussphase/Commitment

Sie haben alle die Phasen durchlaufen, was ich an folgenden Kriterien festmache. Sie sind in das Kundengespräch gegangen und haben mit der Kundin 20 Minuten über ihre Funktion, ihren Werdegang und ihre Hobbys gesprochen. Danach leiteten Sie die Phase Bedarfsanalyse ein …

Sie geben also Ihren Mitarbeitenden ein klares, nachvollziehbares Feedback, auf Basis der im Vorfeld besprochenen Kriterien. Sie blenden hierbei die Reaktionen der Kunden aus und Ihre persönliche Wertung fällt weg. Sie können mit dem Satz enden: »Auf Basis der Kriterien merke ich, wie strukturiert Sie vorgehen und die Elemente aus dem Training umsetzen. Das freut mich.«

Ergänzend zum kriterienorientierten Feedback – bei dem Sie bewusst die Auswirkungen auf Kundenseite ausblenden, geben Sie Interaktionsfeedback.

Ein Beispiel für ein Interaktionsfeedback

Beschränken Sie Ihr Feedback jedoch nicht nur auf die o. g. Kriterien. Während des Kundengesprächs richten Sie Ihre Wahrnehmung auch auf die Interaktion zwischen den Vertriebsmitarbeitenden und den Kunden. Was sagen Ihre Vertriebsmitarbeitenden und wie reagieren die Gegenüber darauf? – Und wie nehmen Ihre Mitarbeitenden diese Reaktionen auf? Jetzt erst wird der »Film« für Ihren Vertriebsmitarbeitenden wieder nachvollziehbar und ist vollständig.

»Als der Kunde in Ihre Skizze seine Einwände eingezeichnet hat, sind Sie dem sofort mit Gegenargumenten begegnet. Dabei ging er mit seiner Körpersprache zurück. Dies haben Sie wahrgenommen und reagiert, indem Sie…
Da haben Sie auf mich sehr achtsam gewirkt.«

Vier wichtige Aspekte:

- **Möglichst aktuell Feedback ausdrücken:**
  Je dichter das Feedback im Anschluss an bestimmte Handlungen gegeben wird, desto besser. Der Empfänger kann am besten verstehen, was Sie meinen. Noch ist alles frisch und nah.

- **Entwickeln Sie Gespür für den rechten Zeitpunkt:**
  Die wichtigste Frage lautet: Ist mein Gesprächspartner/meine Gesprächspartnerin jetzt bereit, solche Informationen aufzunehmen? Feedback ist nicht sehr hilfreich, wenn die Empfänger gerade noch in Gedanken beim letzten Gespräch mit den Kunden hängen oder dem verlorenen Verkauf nachtrauern.

- **Achten Sie auf die Bedürfnisse der anderen Person**
  Feedback kann zerstörend wirken, wenn Sie als Führungskraft dabei nur auf Ihre eigenen Bedürfnisse schauen und somit die Bedürfnisse der anderen nicht genügend berücksichtigt werden. Die Empfänger können sich unterlegen fühlen, vor allem wenn es ein kritisches Feedback ist.

- **Geben sie klares, wertschätzendes und offenes Feedback**
  Es gibt viele Modelle, die einem erklären, wie man Feedback geben soll und am beliebtesten ist das Sandwich-Modell, erst das Positive, dann das Negative und dann der Abschluss mit wieder etwas Positivem. Für uns ist das Modell nicht stimmig – genauso wenig, wie einen Kritikpunkt in Watte zu packen. Das empfinden wir als unaufrichtig.Wir empfehlen das Modell von Kim Scott »Radical Candor«, also mit aller Offenheit, verbunden mit Wertschätzung, eine Rückmeldung zu geben und gleich auf den Punkt zu kommen. Dabei gehen Sie, wie oben schon beschrieben, vor und geben Interaktions- und kriterienorientiertes Feedback. Es geht im Feedback auch um »Stören« der Denkmuster, der Überzeugungen und der Haltung Ihrer Vertriebsmitarbeitenden und das ist eine der zentralen Aufgaben im Coaching und eine mächtige Intervention. (Den Punkt »Teachable Moment« finden Sie weiter unten). Klarheit und Offenheit mit aller Wertschätzung sind die Basis für Entwicklung. Wenn es Ihnen mit der Sandwichmethode darum geht, die Beziehung zu halten, dann sind sie sowieso zu spät dran, denn eine gute Beziehung wird im Vorfeld schon gelegt und dann ist ein offenes, beherztes Feedback auch gut annehmbar.

Feedback empfangen

Feedback hat auch zum Ziel, dass Ihre Vertriebsmitarbeitenden erfahren, welche Auswirkungen ihr Verhalten auf andere hat.

- **Fragen Sie im Vorfeld nach, worüber Ihre Vertriebsmitarbeitenden konkret Feedback haben wollen!**
  Lassen Sie die Gegenüber wissen, dass auch deren Bedürfnisse im Mittelpunkt stehen, indem Sie die Möglichkeit geben, die Einzelheiten deren Verhaltens

gezielt zu beobachten, auf die sie gerne Ihre Reaktion hören möchte. (z. B.: »Wie ist das für Sie, dass ich bei diesem Besuch so viel geredet habe?«)

- **Überprüfen Sie, was Ihre Mitarbeitenden gehört bzw. verstanden haben!**
  Stellen Sie sicher, dass Ihr Verkäufer/Ihre Verkäuferin verstanden hat, was Sie zu ihm/ihr gesagt haben. Sollte bei Ihrem Feedback ein Stirnrunzeln oder heftige Gegenfragen auftauchen, wäre es gut, nachzufragen, was und wie das Feedback angekommen ist.

- **Geben Sie Raum für die Gefühle Ihrer Mitarbeitenden**
  Wenn Ihre Mitarbeitenden nach dem Feedback weggehen, ohne dass Sie wissen, ob er oder sie Ihr Feedback hilfreich fand, und wie sie sich jetzt Ihnen gegenüber fühlen, sind die Personen vielleicht in Zukunft weniger bereit, Feedback anzunehmen. Wenn sie aber Ihnen gegenüber sagen: »Deine Aussage hat mich verletzt« und Sie jetzt in einen wertschätzenden Dialog kommen, könnte diese Klärung der Unstimmigkeit für die weitere Zukunft entscheidend sein. Es geht schließlich nicht darum, sie klein zu machen, sondern in hilfreicher Weise Beobachtungen zu schildern, die eine Möglichkeit geben, das eigene Verhalten im Verkaufsgespräch zu optimieren.

Fehler beim Feedbackgeben

Vermeiden Sie

- ...DU-Botschaften (Nicht »DU warst schlecht!«), sondern »Deine Strategie in dem Punkt hat sich...«)

- ...Generalisierungen (immer, stets, nie...)

- ...allgemeines Loben bei den Kriterien nach dem Motto: »Das hast Du brav gemacht...«

- ...Besserwisserei: »Das hatte ich Dir ja gleichgesagt...«

Wie kommen Sie vom Feedback zu einem Teachable Moment?

Nach der »Live-Beobachtung« geht es darum, in einem Nachgespräch den LIVE-Termin mit den Mitarbeitenden zur reflektieren.

Holen Sie am Anfang die Selbsteinschätzung der Mitarbeitenden ein und unterstützen Sie beim Reflektieren. Fragen sie sich dabei, wieviel hat er oder sie im Gespräch mitbekommen, was er oder sie im Gespräch wie gemacht hat. Dies ist eine wichtige Kompetenz, sich selbst zu reflektieren, um sich jeden Moment zielführend und flexibel auf die Gegenüber einzustellen. Erst dann geben Sie fokussiertes Feedback. Der Dialog ist gelungen, wenn bei Ihren Vertriebsmitarbeitenden Lust entsteht, an der Erarbeitung der vereinbarten Lernziele weiter mitzuarbeiten (Teachable Moment).

Im Nachgespräch werden dabei grundsätzlich drei Ebenen beleuchtet:

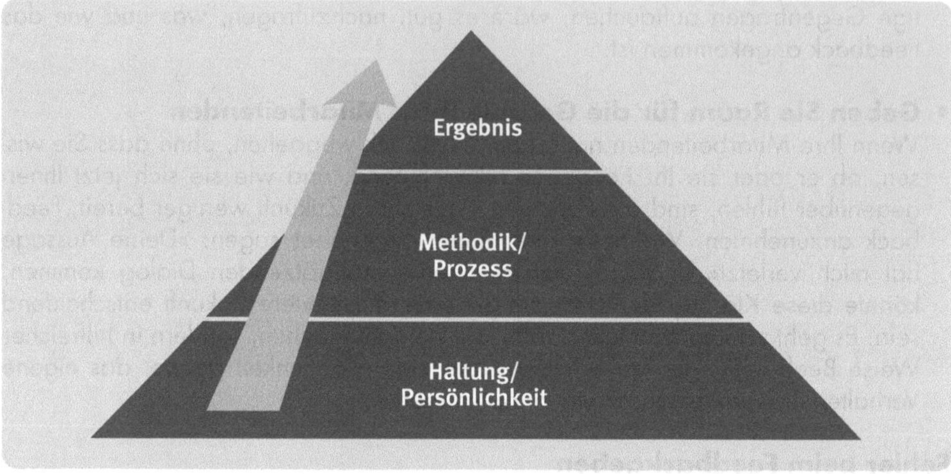

Die Haltung und die Persönlichkeit bedingen und beeinflussen die Methodik und den Prozess des Gespräches und diese beeinflussen wiederum das Ergebnis.

Erster Schritt: Die Ergebnisbewertung

Letztendlich geht es im Verkauf um Ergebnisse. Ob das Ergebnis eines Verkaufsgespräches erfolgreich war oder nicht, entscheiden Sie mit den Mitarbeitenden, die Sie begleiten, gemeinsam. So geht es hierbei nicht immer um den erfolgreichen Abschluss. Es kann im Sinne einer guten Kundenbindung durchaus sehr positiv sein, wenn die Mitarbeitenden in dem jeweiligen Verkaufsgespräch nicht auf den Abschluss gedrängt haben. Es kann sogar sein, dass es im Sinne einer guten Kundenbindung sinnvoll war, dass der Verkäufer oder die Verkäuferin am Ende des Gespräches gesagt haben: »Wissen Sie, ich glaube die Entscheidung, welches Produkt jetzt wirklich passend ist, sollten wir morgen treffen. Einmal sollte man noch über eine solche Entscheidung schlafen!«

Wenn wir die Trends aus Kapitel 1 richtig einschätzen, glauben wir, dass Personen im Vertrieb, die so handeln, im zukünftigen Markt eine echte Chance auf langfristigen Erfolg haben. Nach der Live-Beobachtung ist es von daher relevant, zunächst einmal das Ergebnis zu bewerten.

Führungskraft: »Na, wie war es für Sie?«

Mitarbeitende Person: »War doch gar nicht so schlecht!«

Führungskraft: »Ganz im Gegenteil, es war hervorragend…«

Es macht nun keinen Sinn mit der Prozessreflexion zu beginnen, wenn das Ergebnis noch nicht bewertet wurde. Auch bei dem Misserfolg im Verkaufsgespräch ist es sinnvoll, zunächst das Ergebnis zu bewerten:

Mitarbeitende Person: »Das war jetzt echt blöd, ich hätte wirklich gedacht, dass er heute abschließt!«

Führungskraft: »Machen Sie sich nichts daraus, es ist noch nichts verloren. Wir können gerne gemeinsam nach Lösungen suchen, jetzt aber erst einmal in Ruhe das Gespräch analysieren!«

Zweiter Schritt: Selbsteinschätzung des Prozesses/Haltung

In diesem Schritt fragen Sie eine Ebene tiefer:

»Wie haben Sie denn jetzt den Ablauf des Gespräches erlebt?«

Ihre Mitarbeitenden haben nun die Möglichkeit, mit Hilfe Ihrer Fragen das Gespräch noch einmal zu reflektieren, in den Film erneut einzusteigen. Dieses Vorgehen sichert langfristig auch ab, dass diese Reflexionsleistung auch einmal selbständig absolviert wird. Gute Fragen in dieser Phase sind:

- Wie haben Sie Ihre Ziele umgesetzt?
- Wie haben Sie das Minimal-/Maximalziel im Gespräch im Auge behalten?
- Was glauben Sie, wie hat Sie der Kunde/die Kundin im Gespräch erlebt? Welches Feedback würde er/sie jetzt geben?
- Welche Phase haben Sie kritisch erlebt? Was fiel Ihnen leicht?
- Wenn Sie das Gespräch nun noch einmal führen würden, was würden Sie beim zweiten Durchlauf verändern?

Mit Hilfe dieser Frage erhalten Sie ein klares Bild von der Selbsteinschätzung Ihrer Mitarbeitenden. Es kann sein, dass Sie nun gar nicht mehr viel Feedback geben können und müssen, weil Ihre Mitarbeitenden schon vieles selbst erkannt haben. Das ist nicht schlimm, sondern im Gegenteil ein echter Erfolg Ihrer Vorgespräche und der jeweiligen Nachreflexion. Je mehr die Mitarbeitenden selbst erkennen, umso besser. Es geht dann darum, die Lernziele herauszuarbeiten. Weitere Fragen:

- An was möchten Sie denn jetzt arbeiten?
- In welchem Bereich halten Sie eine Veränderung für sinnvoll, erstrebenswert und machbar?

Dritter Schritt: Feedback geben

»Möchten Sie nun hören, wie ich das Gespräch erlebt habe?« – Mit dieser Frage können Sie das Feedback einleiten und gleichzeitig die »Ohren« der Mitarbeitenden nun auf das Zuhören einstellen. Geben Sie zunächst ein zusammenfassendes Feedback. Hier geht es darum, die Eindrücke auf das Wesentliche zu fokussieren, damit ihre Mitarbeitenden danach aufmerksam den detaillierten Beobachtungen lauschen können.

Beispiel für ein zusammenfassendes Feedback:

»Herr Karl, ich hatte ja nach der Vereinbarung in unserem Vorgespräch verstärkt auf Ihre Fragetechnik in der Bedarfsanalyse geachtet. Insgesamt hatte ich den Eindruck, dass Sie sehr zügig in die Angebotspräsentation gegangen sind. Sie haben sich leider kaum Zeit für offene Fragen genommen. Ich mache das mal an folgenden Kriterien fest: ...

In der Angebotspräsentation haben Sie viele Einwände des Kunden gehört, denen Sie mit Ihrem Fachwissen und Argumenten begegnet sind. Letztendlich hatte ich den Eindruck, dass sich der Kunde aber weder hier noch am Anfang des Gespräches wirklich verstanden gefühlt hat.

Ich mach das mal an folgenden Punkten fest: Er war am Anfang sehr offen in der Körperhaltung und hat viel geredet, im Laufe des Gespräches hat er sich zur Seite gedreht und Sie fast nicht mehr angeschaut. Er hat auch nicht mehr nachgefragt und wirkte auf mich reserviert.

Ich bin beeindruckt, wie überzeugt Sie von unseren Produkten sind und wie viel Fachwissen Sie hier besitzen – Sie sollten jedoch lernen, dieses Fachwissen nur punktuell nach dem Bedarf des Kunden zu platzieren. Stattdessen wäre es wichtig, dass Sie durch gezielte Fragestellung in der Bedarfsanalyse den Kunden wirklich abholen. Sie machen es sich dann viel leichter in der Präsentation des Angebotes!

Wie ist das für Sie?«

Bevor Sie nun weitersprechen und viele Beispiele auftischen, prüfen Sie zunächst, ob Ihr Feedback auf »guten Boden« fällt. Tut es das, überlegen Sie, wie viel Feedback Sie überhaupt noch geben. Anstatt viele weitere Anmerkungen zum Gespräch zu machen, ist es häufig sinnvoller, diese Beobachtungen wieder zu vergessen und gezielt an einer Thematik zu arbeiten. Wenn die Fähigkeit »offene Fragen zu stellen« aus Ihrer Sicht das wichtigste Ziel ist, welches die Person nun auch umsetzen möchte, dann arbeiten Sie daran konsequent weiter.

Es kann aber auch sinnvoll sein, dass Sie nun noch einmal gezielt in das Gespräch oder in einzelne Gesprächsphasen eintauchen und mit Ihrem »Coachee« sozusagen den Film des Gespräches gemeinsam reflektieren. Hierzu ist es hilfreich, dass Sie Interaktionsfeedback geben und hier die Phasen des Gespräches fast komplett wiedergeben können.

Im Interaktionsfeedback ist es dann auch gut möglich, dass Sie nicht nur die Worte und die Methodik Ihrer Coachee spiegeln – Sie können auch die Haltung reflektieren:

Beispiel:

»Mit der ersten Frage: »Welche Ziele haben Sie sich für das Projekt gestellt?«, haben Sie den Kunden wirklich abgeholt. Diese offene Frage war hilfreich, um den Kunden zum Reden zu bringen. Nach einiger Zeit allerdings, so hatte ich den Eindruck, wurde Ihnen das zu viel! Sie haben den Kunden dann unterbrochen mit dem Satz: »Ja, das klingt ja sehr gut, genau zu diesem Punkt könnte ich Ihnen einmal was zeigen…!« Ich hatte allerdings nicht den Eindruck, dass Sie das wirklich interessiert hatte. Der Kunde hat auf die Unterbrechung auch so reagiert, dass er mich verstört angeschaut hatte. Ich habe die Vermutung, dass er gerne noch weitergesprochen hätte. Vielleicht wären an diesem Zeitpunkt vertiefende Fragen sehr sinnvoll gewesen, um den Redefluss auf der anderen Seite nicht zu unterbrechen, aber zu steuern!«

Teachable Moment

Das Feedback führt am Ende nur zu zwei wichtigen abschließenden Fragen:

- **Wie klingt das für Sie?**
- **Was möchten Sie jetzt daraus machen?**

Wie wir am Anfang des Buches bereits geschrieben haben, entscheiden die Vertriebsmitarbeitenden allein über das, was sie von Ihrem Feedback als erstes lernen wollen! Das, was die Person umsetzen und verändern möchte, will sie mit Ihnen trainieren. Sollte es etwas anderes sein, als Sie es sich wünschen, können Sie das mitteilen:

»Ich finde es schade, dass Sie noch nicht die Fragetechnik integrieren möchten, denn es wäre sicherlich für den Kunden ein echter Mehrwert…«

Es macht jedoch keinen Sinn die Person zu diesem Lernziel zu zwingen.

Das »Lernfenster« öffnen die Vertriebsmitarbeitenden selbst, Sie können von außen nur anklopfen!

Ergänzende Zusammenfassung:

Nachfolgend finden Sie eine Übersichtstabelle über den Ablauf des Nachgesprächs:

Element des Vorgesprächs	**Coachingelemente**
Ergebnis-einschätzung	Loben Sie die Mitarbeitenden bei einem Ergebniserfolg oder seien Sie mit ihnen (nicht primär von ihnen) enttäuscht oder trösten Sie sie – eine Ergebnisbewertung steht am Anfang, da es die Mitarbeitenden auch erwarten!
Selbsteinschätzung der Vertriebs-mitarbeitenden	Wie haben Sie den Verlauf des Gesprächs erlebt? Wie haben Sie Ihre Ziele umgesetzt? Wie haben Sie das Minimal- und das Maximalziel im Gespräch im Auge behalten? Was glauben Sie, wie hat Sie der Kunde im Gespräch erlebt? Welches Feedback würde der Kunde Ihnen geben? Welche Phase haben Sie kritisch erlebt? Was fiel Ihnen leicht? Wenn Sie das Gespräch nun noch einmal führen würden, was würden Sie beim zweiten Durchlauf verändern?
Detailfeedback und Auswirkungen	• Kriterienorientiertes- und Interaktionsfeedback geben • Fokus im Feedback herausarbeiten
Reaktion	• Wie ist das für Sie?
Lernfokus erarbeiten	• Was möchten Sie jetzt umsetzen?

Teil 5

Die bewusste Kompetenz – Interventionen für die Sales Coaching-Praxis

Die Ausbildung zum Vertriebscoach war für mich, im Nachgang betrachtet, entscheidend, um mein Führungsverhalten maßgeblich zu verändern. Seit dieser Zeit steht der Mensch als Individuum viel mehr bei mir im Mittelpunkt. Die durch die Ausbildung geöffnete Tür habe ich in der Folge noch viel weiter aufgemacht und durch Impulse zu Agilität und Positiver Psychologie erweitert. Die Themen greifen perfekt ineinander. Meine Mitarbeiter:innen spiegeln mir, dass ich inzwischen entspannter führe. Sie schätzen, dass ich mich aus der operativen Steuerung so gut wie vollständig raushalte und dennoch bei Bedarf unterstützend greifbar bin.

Heike Marquardt, Datev

In diesem Kapitel gehen wir auf das Thema »systemisch« ein und zeigen verschiedene Interventionen im Sales Coaching. Am Ende des Kapitels stellen wir eine besondere Form von Sales Coaching dar, wie Sie mit Ihrem Team einen zukunftsorientierten Sales-Workshop gestalten können.

Lernen braucht Lernangebote

Den Teachable Moment, den entscheidenden Augenblick, in dem Lernen möglich ist, wollen wir erreichen und nutzen. Dies ist eine wahre Kunst, wie in den vorausgegangenen Seiten deutlich wurde. Nun stellt sich aber auch die Frage, wie die Mitarbeitenden diese gewonnenen Erkenntnisse aus dem Teachable Moment, bzw. aus dem Feedback umsetzen sollen. Viele Führungskräfte trauen sich da nicht weiter, geben Feedback, was wiederum zu einer Zielvereinbarung führt, die die Mitarbeitenden möglichst allein umsetzen sollen. Jetzt gilt es aber, hier nicht einfach aufzuhören oder abzubrechen. Sie erfahren jetzt, wie Sie Ihre Mitarbeitenden auch nach diesem Feedback in der praktischen Umsetzung des Erkannten unterstützen können.

»Okay, dann vereinbaren wir jetzt, dass Sie ab sofort mehr Fragen in der Bedarfsanalysephase stellen!«, sagt die Führungskraft, bedankt sich für den gemeinsamen Tag und geht. Hier fühlen sich Vertriebsmitarbeitende allein gelassen. Wenn sie nun keinen Weg sehen, die vereinbarte Veränderung zu erreichen, und sich damit wieder an Sie wenden, folgt womöglich noch Ihre Bemerkung: »Aber ich habe es Ihnen doch im Feedback-Gespräch gesagt, wir hatten es vereinbart! Warum setzen Sie es nun nicht um?«.

Menschliches Lernen braucht seine Zeit und manchmal braucht es auch Unterstützung von außen. Aus diesem Grund stellen wir in diesem Kapitel verschiedene Interventionen vor, die Sie als Führungskraft nach einem Feedbackgespräch darin unterstützen, Ihre Mitarbeitenden beim Lernen und bei der Umsetzung zu begleiten.

Es ist für viele Führungskräfte ungewohnt, die nachfolgenden, systemischen Interventionen anzuwenden. So tun sich Führungskräfte zum Beispiel häufig schwer, ein Rollenspiel mit den Vertriebsmitarbeitenden durchzuführen.

Wir möchten Sie hier ermutigen, die aufgeführten Interventionen einfach einmal auszuprobieren. Am besten probieren Sie die Übungen zunächst nicht bei den Personen unter Ihren Mitarbeitenden aus, mit denen Sie es schwer haben.

Nutzen Sie die guten Beziehungskontakte mit Personen aus Ihrem Vertriebsteam, um ungewohnte neue Ideen umzusetzen und lassen Sie sich Feedback zu den Interventionen geben. Ganz nach dem Motto: Auch ich als Sales Coach bin ein Übender/eine Übende!«

Was ist jetzt »systemisch«?

Über den Begriff »systemisch« ist schon viel geschrieben worden.

Systemisch bedeutet für uns, nicht nur die Vertriebsmitarbeitenden zu betrachten, sondern auch das System, in dem sie agieren und handeln. Dazu gehören Sie als Führungskraft, das Unternehmen, die Kollegen und Kolleginnen, die Kunden, die Konkurrenz und mehr. Wir schauen nun auf die gegenseitigen Beziehungen und die Kommunikation innerhalb des Systems.

Ein weiterer Begriff, der im Zusammenhang mit »systemisch« fällt, ist »Konstruktivismus«. Wie der Name schon sagt, geht es um Konstruktion. Wir konstruieren uns unsere Welt. Wir bauen uns aus der Welt, die wir erleben, ein eigenes Konstrukt. Jeder bildet sich innerlich seine individuelle Landkarte, gespeist aus unseren Erlebnissen, Erfahrungen, Begegnungen, aus unseren Glaubensentscheidungen, politischen Weltbildern, und natürlich auch aus den uns zugänglichen Informationen. Letztere aber eben immer bewertet und geordnet nach den vorgegebenen Strukturen, in die wir das neu auf uns Zukommende einordnen. Alles neu auf uns Zukommende sehen wir mit der uns eigenen Brille unserer Werte, Erfahrungen und Überzeugungen, gefiltert durch unsere Sinneskanäle und geformt in einem laufenden Prozess. Das heißt also, jeder Mensch selbst gibt Informationen Bedeutung. Informationen haben nicht »an sich« Bedeutung, sondern wir sind Bedeutungsgeber/-innen. Dies wiederum hat Einfluss auf unsere Entscheidungen und unseren Aufmerksamkeitsfokus.

Wenn Ihre mitarbeitenden Personen z. B. Kunden in ihren Erzählungen abwerten, hat das in erster Linie nichts mit den Kunden zu tun. Es sind die Mitarbeitenden, deren Werte, Einstellungen, innere Landkarten das Verhalten der Kunden nicht verstehen oder akzeptieren und es deshalb als falsch bewerten. Dabei geht es beim Verhalten der Kunden – und natürlich beim entsprechenden Verhalten Ihrer Mitarbeitenden auf der anderen Seite – gar nicht um »richtig« oder »falsch«. Wir sind weder Richter unserer Kunden, noch können wir deren Verhalten direkt ändern.
Sales Coaching fragt nicht nach dem »richtigen Verhalten« der Kunden. Wir fragen danach, wie die Vertriebsmitarbeitenden das bewerten und wie sie das eigene Verhalten so wandeln können, dass es in der entsprechenden Situation hilfreich ist.

Systemische Interventionen helfen uns, aus einer für uns schwierigen Situation herauszukommen, indem wir diese anders sehen und bewerten. Nicht den anderen kann oder muss ich ändern. Ich selbst bin derjenige, den ich ändern kann, der sich ändern kann! Und durch die Änderung meiner Haltung oder auch meines Verhaltens, habe ich einen Einfluss auf das System (Kunde, Kollegen etc.), das mich umgibt.

Wenn ich auf einen Berg herabschauen will, sollte ich nicht warten, dass er zusammenbricht, sondern in ein Flugzeug steigen. Dieses Flugzeug wiederum ist die Ressource, die ich benötige, um die neue Sichtweise zu erreichen und die neue Handlung wirklich vollbringen zu können. Und was für den einen das Flugzeug in unserer Metapher ist, sind für die anderen die Wanderstiefel.

Systemische Interventionen sollen helfen, die eigene Position lösungsorientiert zu verändern. Und Sie als Führungskraft in der Rolle als Sales Coach helfen mit, wenn sie Material, Trainingsfelder, Methoden und anderes zur Verfügung stellen, mit denen die Vertriebsmitarbeitenden diese Veränderung nicht nur wünschen, sondern mit der inneren Kraft auch erreichen können.

Nachfolgend stellen wir Ihnen einige systemische Interventionen vor.

Differenzierung der Interventionen

Wir nehmen hier noch einmal Bezug auf die logischen Ebenen (vgl. Robert Dilts), die Sie dabei unterstützen

- das Lernfeld Ihrer Mitarbeitenden genau zuzuordnen und
- die entsprechende Intervention auszuwählen.

Wenn Sie sich die logischen Ebenen im Teil 3 »Unbewusste Nicht-Kompetenz« noch einmal durchlesen, erkennen Sie, dass sich die vier Ebenen in zwei große Kategorien zusammenfassen lassen:

Werte, Überzeugungen und Identität
Verhalten und Fähigkeiten

Sie können sich beim Zuhören und Beobachten Ihrer Mitarbeitenden die Fragen stellen:

- Was hält meine vertriebsmitarbeitende Person nach meiner Beobachtung davon ab, erfolgreich und kraftvoll ein zukunftsorientiertes Kundengespräch zu führen?
- Ist das Problem, das eine vertriebsmitarbeitende Person im Kundengespräch zeigte, eher eine Frage deren Verhaltens und deren Fähigkeiten? Oder ist es im Bereich Werte, Überzeugungen, Identität angesiedelt?

Als erstes müssen Sie beobachtend klären, wo hier das Problem liegt. Sie würden ja auch bei Ihrem Auto nicht die Batterie ausbauen, wenn Sie sehen, dass der Reifen platt ist.

Wenn Sie nun erfahren, dass die Person ein Thema hat, was auf der logischen Ebene »Werte, Überzeugung« liegt – z. B. sie findet das Produkt ungeeignet und sträubt sich innerlich dagegen, den Kunden einen »derartigen Mist« anzudrehen – dann ist es meist überflüssig, auf der Verhaltensebene an Verkaufstechniken zu arbeiten. Umgekehrt kann die Person aus voller Überzeugung das Produkt anpreisen, aber vom Kunden wird das fast wie ein Überfall erlebt. In solchen Situationen kann ein Lernen auf der Verhaltensebene unterstützen, eher zurückhaltender zu agieren.

Überlegen Sie, auf welcher Ebene und in welchem Bereich die Schwierigkeiten liegen. Dann können Sie viel leichter eine geeignete Intervention auswählen, die es Ihnen ermöglicht, Ihre Mitarbeitenden zielorientiert zu begleiten.

Was könnten nun solche Beobachtungsraster für die ersten beiden Ebenen »Verhalten und Fähigkeiten« sein? Schauen wir auf ein paar Aussagen, die wir von Führungskräften hören:

- Meine Mitarbeitenden wollen einen guten Job machen und sind engagiert, wissen allerdings nicht, wie sie ein Gespräch beginnen sollen. Also fehlt ihnen das Handwerkszeug.
- Meine Mitarbeiterin ist von sich überzeugt und sieht sich in der Rolle einer Verkäuferin, weiß allerdings nicht, wie sie mit dem Einwand »Preis« umgehen soll.
- Mein Mitarbeiter hat nicht gelernt, wie man sich am Tisch in einer größeren Gesellschaft verhält und wie man z. B. Fisch gesellschaftlich korrekt isst.

Ergänzen Sie nun um die Ihnen bekannten Aussagen Ihrer Mitarbeitenden, die sie den Kategorien Verhalten/Fähigkeiten zuordnen:

____

____

____

Zusammenfassend lässt sich sagen, dass die Themen, die das Können betreffen – und wo ein Wollen vorhanden ist – auf den Ebenen Fähigkeiten und Verhalten liegen. Die Interventionen können nun sein:

- ein Training der Fertigkeiten und Fähigkeiten,
- Wissensvermittlung bezüglich der einzelnen Verkaufsmodelle

Bei diesen Ebenen ist ein klares Verhaltensfeedback schon einmal sehr hilfreich und schafft die erste Lust für mehr Wissen und die Bereitschaft zum Ausbau der eigenen Fähigkeiten durch Training. Sie agieren also als Wissensvermittler/Wissensvermittlerin, als Expertin und Experte der professionellen Verkaufskompetenz.

Woran erkennen Sie nun, wenn die Themen auf den Ebenen Werte/Überzeugung und Identität liegen? Ein wichtiger Indikator ist die Emotion! Immer dann, wenn das Gefühl im Vordergrund steht – auch wenn alles rational begründet wird, braucht es in der Regel eine andere Intervention als Training.

Unsere Überzeugungen wollen verteidigt werden. Unser Ego schreit, wenn die eigenen Werte in Gefahr sind. Es gilt, die eigene Welt zu schützen. Emotionen wie Angst, Sorge, Widerstand stehen jetzt im Mittelpunkt, ebenso wie die Werte Selbstvertrauen, Loyalität, Gerechtigkeit und Beständigkeit. Wir hören zum Beispiel Sätze wie: »Ich glaub ja eh nicht daran, dass das funktioniert«, oder »Ich bin überzeugt, dass unsere Kunden das sofort merken! Das ist ja nicht authentisch«. Allein schon in den letzten beiden Sätzen erfahren Sie viel über das Glaubenssystem Ihrer Vertriebsmitarbeitenden.

Schauen wir uns weitere Kriterien an:

- Ich kann verkaufen und habe schon viele Seminare besucht, aber bei meinen Kunden kann man das so nicht machen.
- Ich bin doch kein Verkäufer/keine Verkäuferin, wir beraten und so war das auch früher.
- Ich kann gut verkaufen, aber bei diesem Kunden nicht. Der mag mich nicht und ich fühle mich immer so klein bei ihm.
- Ich will den Kunden nicht über den Tisch ziehen, deswegen lasse ich ihm Zeit zum Überlegen.
- Das geht bei uns in der Region nicht, da muss man schon anders vorgehen!

Ergänzen Sie nun um die Ihnen bekannten Aussagen Ihrer Vertriebsmitarbeitenden, die sie der Kategorie Werte/Überzeugung/Identität zuordnen:

____

____

____

____

Nach unserer Erfahrung hilft hier ein einfaches Verhaltensfeedback oft wenig. Häufig schicken Führungskräfte die Personen dann auch noch auf ein Seminar, wo sie es einmal »richtig lernen« sollen. Sie können sich sicherlich vorstellen, dass diese Mitarbeitenden zwar das Seminar besuchen, aber während der ganzen Zeit nur in der Rolle des Besuchers bleiben, ganz nach dem Motto »schauen wir mal, was der Trainer/die Trainerin uns zu bieten hat«. Im Nachgang wird sicher nicht viel verändert. Meist bringt der Trainer, die Trainerin manchmal neue, aber meist bekannte Verhaltensempfehlungen. Aber da die Person das Problem auf der Ebene der Werte und Überzeugungen hat, bringen diese neuen Empfehlungen nichts, außer der Bestätigung, dass das – in Relation zur eigentlichen Problematik – wirklich keine Verbesserung bewirkt. Bestätigt der Trainer/die Trainerin sogar die eingeübten Verkaufstechniken, mit denen die Person aufgrund seiner Einstellung aber keinen Erfolg haben konnte, dann gibt es eine Koalition gegen Sie! »Der Trainer, die Trainerin meinte, ich mache das schon richtig. Aber das bringt ja bei uns nichts. Das liegt dann nicht an mir.« Für Fragestellungen auf der logischen Ebene braucht es hier ein anderes Handwerkszeug, andere Interventionstechniken!

Auf den nachfolgenden Seiten haben wir für Sie verschiedene Interventionen auf Basis der logischen Ebenen zusammengestellt. Wir sind dabei von Verhaltensbeobachtungen und Aussagen ausgegangen, die wir im Vertrieb bei den Coaching on the Job-Begleitungen gehört haben.

Nutzen Sie die nachfolgenden Aussagen wie ein Nachschlagewerk, um eine geeignete Intervention auszuwählen. Manche der Aussagen lassen sich sicherlich nicht gleich passgenau auf einer logischen Ebene zuordnen, da unterstützt Sie ein konkreteres Nachfragen. Starten Sie dann mit dem im Kapitel 3 beschriebenen PUZZLE Modell. Bei den Beschreibungen der Interventionen nutzen wir wie bisher die Fallbeschreibungen, da wir der Überzeugung sind, dass über die Fälle viele von Ihnen selbst erfahrene Situationen wieder nacherlebt werden und so Lösungen im Nachhinein generiert werden.

Themen auf den logischen Ebenen **Werte/Überzeugung und Identität**

- Ich würde das Neue ja gerne umsetzen, das ist aber nicht so einfach.
- Ich komme mit dem Kunden und der Kundin schlecht in Kontakt, da sie mich von oben herab behandeln.
- Ich kann mich bei Preisverhandlungen schlecht abgrenzen und auch nicht konsequent die Grenze aufzeigen.
- Ich finde, dass man das Produkt nicht verkaufen kann.
- Ich muss die Kundschaft doch über alles informieren.

Aus den Äußerungen wird klar, dass hier das persönliche Lernthema auf den Ebenen der Werte und Überzeugungen vorliegt.

Themen auf den logischen Ebenen **Fähigkeiten und Verhalten**

- Ich weiß nicht, was ich beim Small Talk – außer über das Wetter – so alles erzählen soll.
- Ich weiß nicht, wie ich bei den Kunden Bedarf wecken soll.
- Ich kenne keine Motive und weiß nicht, wie ich das höre und wie ich dann damit umgehe.
- Ich habe keine geeignete Methode, um mit Einwänden umzugehen.
- Ich habe von Fragetechnik nur einmal etwas in der Schule gehört.

Aus diesen Äußerungen wird ersichtlich, dass es den Mitarbeitenden darum geht, Wissen, Fähigkeiten und Können zu erlernen.

Nachfolgend stellen wir Ihnen systemische Interventionen vor. So erhalten Sie einen Koffer voller praktischer Methoden, die Sie in Ihrer Arbeit als Sales Coach nutzen können. Die logischen Ebenen helfen Ihnen dabei, das passende Tool zu finden. So sind sie gut ausgerüstet für Ihre Sales Coaching-Praxis.

Abgerundet wird das Kapitel mit der Anleitung zu einem kompletten Workshop, der zum Ziel hat strategisches Denken zu fördern, einer Fähigkeit, die wir besonders in der heutigen Zeit für sehr bedeutsam halten.

Interventionen auf den Ebenen Werte/Überzeugung/Identität

Das höre ich von meinen Mitarbeitenden	**»Ich würde das Neue ja gerne umsetzen, das ist aber nicht so einfach…«**
Intervention	Das innere Spiel strukturieren
Logische Ebene	Werte, Glauben, Überzeugung, Identität
Ausgangssituation	Nehmen wir an, Sie haben Ihren Vertriebsmitarbeitenden das Feedback gegeben, dass sie nach drei Minuten bei den Kunden gleich ihre Produkte auspacken und ihr Fachwissen präsentieren. Obwohl Sie diesbezüglich schon einmal Feedback gegeben haben, fallen sie immer wieder in ihre alten Muster. Jetzt helfen keine Tipps mehr, die Lösung liegt nun bei den Personen selbst. Alte Muster sind oft schwer zu durchschauen und noch schwerer ist es, neue Muster zu etablieren. Die Intervention ist eine fokussierte Wahrnehmungsübung, die es Ihren Mitarbeitenden ermöglicht, ihr Verhalten in einem Kundengespräch zu beobachten, ohne gleich alles können und umsetzen zu müssen. Nehmen wir an, Ihre Mitarbeitenden haben erkannt, dass sie immer wieder in ihr altes Muster zurückfallen und sie wollen unbedingt das Neue umsetzen. Jetzt kommt oft der innerliche Druck von »ich muss das jetzt so machen«. Lernen wird dadurch nicht leichter, denn »müssen« ist nicht unbedingt ein kraftbringendes Wort (Sie sagen ja auch nicht »ich muss heute in den Urlaub fahren« – außer Sie haben keine Lust dazu). Für Entspannung sorgt eine Übung, die es Ihren Vertriebsmitarbeitenden erst einmal erlaubt, nur das eigene Verhalten wahrzunehmen, ohne etwas zu verändern! Wenn wir verstehen, wie wir etwas in bestimmten Situationen machen oder nicht machen, wie wir agieren und reagieren, was der »Automatismus« ist, dann entwickeln sich oft von ganz allein neue Verhaltensweisen und Ideen. Wir haben es uns in Ruhe angeschaut – uns vielleicht gewundert, dass es uns immer wieder passiert – und haben nun selbst Lust, mal eine andere Variation auszuprobieren.
Ziel der Intervention	• Eingeschliffene Verhaltensmuster werden beobachtet und analysiert. • Die Vertriebsmitarbeitenden verstehen, wie (und vielleicht auch warum) sie in bestimmten Situationen immer gleich handeln. Das Lernen findet ohne Leistungsdruck statt, es bekommt Leichtigkeit.

Einleitung der Intervention	»Frau Moda, Sie hatten mir gesagt, dass Sie immer wieder in Ihr altes Verhaltensmuster fallen: Sie packen beim Kunden sofort das Produkt aus, statt sich die Zeit zu nehmen, am Anfang mit den Kunden in ein vertiefendes, persönliches Gespräch zu kommen. So waren ja auch meine Beobachtungen bei den Kundenbesuchen. Frau Moda, haben Sie Lust auf ein Experiment, bei dem es nur darum geht, sich selbst zu beobachten und nichts zu verändern?« Dies wird Ihre Mitarbeiterin erst einmal verblüffen, denn in unserer Gesellschaft ist immer Leistung und Lernen gefordert, da irritiert ein »nichts verändern«. Aber genau darum geht es, Muster zu brechen und manchmal Dinge anders tun, um Aufmerksamkeit zu erlangen. Nehmen Sie sich nun ein Blatt Papier und zeichnen einen Zahlenstrahl mit einer Skalierung von 1 bis 5 auf.
Durchführung	Die Skalenwerte 1, 2, 3, 4 und 5 stehen nicht für Schulnoten, sondern für die Extreme der Verhaltensweisen. Beispiele: • Komme schnell zum Produkt vs. gestalte eine Deep Talk-Phase • Hoher Redeanteil bei mir vs. Fragen stellen, hoher Redeanteil beim Kunden • Bin aufbrausend vs. bin ruhig und gelassen Lassen Sie Ihre Mitarbeiterin entscheiden, welche Extremposition sie mit welchem Thema belegen will. Nehmen wir an Frau Moda wählt die 1 = ich komme gleich zum Produkt und die 5 = ich gestalte einen Deep Talk bei den Kunden. Erarbeiten Sie nun die Verhaltensmuster bei den einzelnen Polbelegungen. Fragen Sie und notieren Sie die Antworten unter dem jeweiligen Extrempol. »Versetzen Sie sich nun noch einmal in die Situation heute bei der Kundin, bei der Sie auf dem Skalenwert 1 waren, so als ob Sie jetzt gerade in der Situation sind«. Anschließende Fragen können sein: • Wie ist Ihr Tempo beim Sprechen? • Wie ist Ihr Rhythmus beim Sprechen? • Wie ist Ihre Körperhaltung? • Wohin richtet sich bei diesem Vorgehen Ihr Blick? Schauen Sie noch auf den Kunden oder nicht? • Wie bewegen Sie Ihre Hände/Wie ist die Gestik? • Was sind weitere Merkmale, woran ihr Kunde/ihre Kundin erkennen, dass Sie auf 1 sind?

- Was sind die Merkmale, die Sie selbst erkennen, wenn Sie auf 1 sind?
- Nun verbindet die Mitarbeiterin den Skalenwert 1 mit konkreten Selbstbeobachtungen.

Ich komme gleich auf das Produkt — Ich gestalte den Deep Talk

1 — 2 — 3

Verhaltensmerkmale
- …
- …

Verhaltensmerkmale
- …
- …

Sie werden merken, dass Ihre Mitarbeiterin auf diese Fragen nicht gleich eine Antwort parat hat, sie erst innerlich suchen muss. Gut so! Jetzt fängt die Intervention schon an zu wirken. Oft werden Sie hören, »So genau habe ich das ja noch nie analysiert – spannend.«

Wenn Sie die beiden Extrempole 1 und 5 so erarbeitet haben, fragen Sie nun, ob die Mitarbeiterin ein innerliches Bild hat, wenn sie auf dem Wert 3 ist. Hierbei brauchen Sie die Verhaltensweisen nicht mehr beschreiben lassen, es reicht, wenn Ihr Mitarbeiter diese sich gut vorstellen kann. Es geht ja nun auch um die Übergänge, wie gehe ich von der Position 1 über 2, 3 zu 5.

Die Aufgabe wird es nun sein, während der nächsten Kundengespräche die Skalierungsbewegung zu beobachten – und nichts dabei zu verändern.

Fragen Sie, wann die nächsten Kundengespräche sind, und vereinbaren Sie Reflexionsgespräche. Hierbei geht es dann darum, wie die Skalierungen ausgefallen sind.

Im nächsten Schritt können Sie nun die Mitarbeiterin bitten, im Vorfeld zum nächsten Kundengespräch eine Einschätzung abzugeben. Sie können zum Beispiel sagen:

»Vor dem Kundengespräch geben Sie einmal eine Hypothese ab, welchen Skalenwert sie wie oft erreichen werden. Beobachten Sie sich nun während des Kundegespräches und vergleichen Sie im Anschluss die beiden Zahlen vor und nach dem Gespräch. Dies besprechen wir bei unserem nächsten Telefonat!« Nun arbeitet die Mitarbeiterin mit eigenen Zielvorgaben. Die Chance, dass sie nun auch etwas verändert, wird größer.

Reflexion

Für die Reflexion mit Ihnen können Sie Ihre Mitarbeiterin auch die Aufgabe geben, Ihnen immer freitags die Ergebnisse ihrer Beobachtungen per Mail mitzuteilen. Nach zwei Wochen sprechen sie miteinander darüber, was sich verändert hat. Oft

	sind die Mitarbeitenden verblüfft und sagen, dass sie – obwohl nicht »erlaubt« – schon vieles verändert haben. Ist doch wunderbar, wenn Regeln gebrochen werden. Und die Veränderung haben Ihre Mitarbeitenden selbst bewirkt, was Auswirkungen auf das Selbstbewusstsein hat.
Zusammen-fassung	• Hinführen zum Thema • Skalierung auf einem Blatt Papier von 1 bis 5/Belegung der Extreme • Verhaltensmerkmale der jeweiligen Extreme herausarbeiten • Arbeitsauftrag für die nächste Zeit mitgeben

Das höre ich von meinen Mitarbeitenden	**»Ich komme mit der Kundschaft schlecht in Kontakt, da sie mich von oben herab behandeln...«**
Intervention	Ressourcen aus vergangenen Lösungssituationen aktivieren
Logische Ebene	Werte, Glauben, Überzeugung, Identität
Ausgangs-situation	Normalerweise sind Vertriebsmitarbeitende sehr selbstbewusst, souverän und kraftvoll im Agieren. Es gibt aber Menschen, mit denen haben sie manchmal so ihre Schwierigkeiten. Wenn Sie mit Ihren Mitarbeitenden zur Kundschaft gehen und im Vorfeld schon merken, dass die fokussierte Kraft, die sie sonst üblicherweise zeigen, nachlässt, wäre die erste Hypothese, dass dies nicht am Können liegt, sondern ein Thema ist, was auf den logischen Ebenen Werte, Überzeugung und Identität liegt. Sie können dies erkennen u. a. an... • abweichender Körperhaltung von einem »Normaltermin«, also entweder ohne oder mit überzeichneter Spannung • Hände in extremer Bewegung vor Aufregung • mangelnder Blickkontakt im Vorfeld mit Ihnen • eher dem Eindruck, nach innen gekehrt zu sein Dies setzt sich dann in den Gesprächen mit der Kundschaft fort. Sie beobachten z. B., dass die Kraft in der Stimme schwindet, nur abweichender Blickkontakt zur Kundschaft stattfindet, das Gespräch eventuell ohne Struktur abläuft und anderes. Wenn Sie nach dem Termin Ihren Mitarbeiter oder Ihre Mitarbeiterin die Beobachtungen widerspiegeln und mit der Frage enden »Wie geht es Ihnen persönlich im Kontakt mit der Kundschaft? Ich habe den Eindruck, dass es Ihnen nicht leichtfällt, bei dieser Person kraftvoll zu agieren?«, werden Sie mit ziemlicher Sicherheit die Geschichte dazu hören. Oft wird die Verantwortung für den schlechten Verlauf der Kundschaft gegeben (»Die Person ist ja total arrogant und überheblich«), wobei man sich selbst fast ohnmächtig (ohne Macht) fühlt, an dieser Situation etwas zu ändern.
Ziel der Intervention	• Erkennen, dass ich für ähnliche Situationen schon Lösungen aus der Vergangenheit in mir trage, • Weg vom alten Glaubenssatz: »Da kann ich nichts ändern!«, hin zu einem neuen Glaubensatz wie z. B.: »Ich bin überzeugt, dass ich etwas daran ändern kann!«
Einleitung der Intervention	Sie geben ein Feedback – zum Beispiel: »Sie hatten während des Gespräches sehr häufig die Position im Sitz verändert, so als

	würden Sie sich unwohl fühlen. Ihre Stimme klang manchmal ungewöhnlich leise, so dass ich den Eindruck hatte, sie fühlen sich gegenüber dieser Person nicht wohl! Wie geht es Ihnen damit, wenn ich Ihnen dies so widerspiegle?« Mitarbeitende Person: »Na ja, ich wusste nicht, dass man das so merkt – ich komme halt mit der Person nicht zurecht, sie redet so viel und feiert sich selbst!« Sie: »Wenn Sie einen Film sehen würden, der diese gerade erlebte Szene beinhaltet, welchen Filmtitel würde der Film haben?« Mitarbeitende Person »Schwer, mmh, vielleicht »Machtspielende Person spielt mit mir«. Sie: »Ich höre heraus, dass es eine Person gibt, die agiert, die Kundschaft, und Sie reagieren und fühlen sich nicht als vollwertige Person in diesem Spiel?« Mitarbeitende Person: »Stimmt – das ist aber nur bei der Person so, mit allen anderen komme ich klar. Ich weiß auch nicht, was ich da machen kann – haben Sie einen Tipp für mich?« Sie: »Tipps habe ich nicht, aber vielleicht haben Sie Lust auf ein kleines Gedankenspiel, um die Situation einmal anders zu erleben?« Mitarbeitende Person »Wunderbar – machen wir.«
Durchführung	Sie: »Okay, Sie haben gesagt, für Sie ist das eine machtspielende Person, die mit Ihnen spielt! Gab es in Ihrem Leben schon einmal einen Moment, wo es Ihnen gelungen ist, einer machtspielenden Person Paroli zu bieten?« Mitarbeitende Person: »Nein, das glaube ich nicht…« Sie: »Können Sie sich an ähnliche Situationen schon einmal erinnern, wo Sie anders reagiert haben als mit Rückzug…?« Mitarbeitende Person: »Ja, in der Schulzeit, habe ich als Klassensprecher einmal unseren arroganten Klassenlehrer angeschrien«. Sie: »Spannend, das kenne ich ja gar nicht. Wie war das, erzählen Sie?« Mitarbeitende Person erzählt nun ausführlich eine Geschichte, in der sie sich unterdrückt gefühlt hat und plötzlich auch den Druck der Klasse hinter sich gespürt hat. Das hat sie dann dazu gebracht, dass sie gesagt hat: »Ich halte das mit Ihnen nicht mehr aus, Sie hören uns ja gar nicht zu!« Sie erzählt weiter, dass dies eine wirkliche Wende im Zusammenleben der Klasse gegeben hat, zwar habe sich der Lehrer nicht wirklich verändert, aber der Lehrer habe einen größeren Respekt vor ihr als Klassensprecher gehabt!

	Sie: »Wow, super, sie dürfen mir ruhig auch mal die Meinung sagen. Ich hoffe, jedoch, dass ich Ihnen besser zuhören kann! Aber zurück zu der Geschichte, ich finde es bemerkenswert, dass eine ähnliche Situation eine aktive Handlung hervorgerufen hat!« Mitarbeitende Person: »Ja, aber anschreien kann ich die Kundschaft doch nicht…« Sie. »Das vielleicht nicht, aber sagen Sie mir doch einmal, was Sie der Person am liebsten sagen würden, wenn Sie so einfach frei reden könnten.« Mitarbeitende Person: »Sie soll doch mal auch seinen Mund halten und mir zuhören, anstatt sich selbst zu feiern«. Sie: »Wie könnten Sie diesen Satz umformulieren, denn ich glaube es würde der Kundschaft wirklich helfen, wenn Sie diesen Sachverhalt in einer adäquaten Weise rüberbringen.« Mitarbeitende Person »Ich soll ihm den Mund verbieten…?« Sie: »Naja, sie könnten ja sagen: Gerne helfe ich Ihnen weiter, wenn Sie mir Raum geben, meine Gedanken auszuführen!« Mitarbeitende Person: »Das ist aber frech! Soll ich das wirklich sagen…?« Sie: »Wenn Sie diesen Satz mit einem Lächeln rüberbringen, ist das genau die richtige Ebene, wie Sie der Person begegnen können – üben wir es doch einmal. Ich spiele jetzt mal diese Person und sie kontern einmal…« Daraufhin üben Sie im Rollenspiel diese Intervention.
Reflexion	Sie vereinbaren mit Ihrer mitarbeitenden Person einen Termin für eine gemeinsame Reflexion. Am besten gleich nach dem nächsten Termin mit der Kundschaft. Lassen Sie sich nun ausführlich erzählen, was alles anders gemacht wurde, was Erfolgserlebnisse waren und die Stolpersteine. Für die Stolpersteine können Sie nun weitere Interventionen nutzen, wenn Bedarf dazu besteht.
Zusammenfassung	• Analyse der Situation in der Realität • Fokussieren auf Lösungen aus vergangenen Tagen in ähnlichen Situationen • Übertragung der Lösung ins Hier und Jetzt

Das höre ich von meinen Mitarbeitenden	**»Ich kann mich bei Preisverhandlungen schlecht abgrenzen und auch nicht konsequent die Grenze aufzeigen.«**
Intervention	Steigerung der persönlichen Lösungskompetenz
Logische Ebene	Werte, Glauben, Überzeugung, Identität
Ausgangssituation	Ihre Mitarbeitenden geben bei Preisverhandlungen oft nach, geben z. B. Naturalrabatte mehr als gewünscht und grenzen sich schwer ab. Dies haben Sie in einem persönlichen Gespräch erfahren oder nach einem Coaching on the Job festgestellt. Darauf angesprochen, erklären Ihre Mitarbeitenden, dass sie sich schwer tun, sich abzugrenzen.
Ziele der Intervention	• Ihre Mitarbeitenden gewinnen unterschiedliche Sichtweisen auf die Preisverhandlungen und generieren für sich neue Handlungsoptionen. • Die innere Lösungskompetenz ist gesteigert.
Einleitung der Intervention	Sie: »Herr Xaver, Sie sagen, dass Sie sich bei Preisverhandlungen so schwertun. Es kostet Sie viel Kraft, konsequent die Grenze bei Preisverhandlungen aufzuzeigen. Haben Sie Lust einmal genauer darauf zu schauen?« Herr Xaver: »Ja gerne, das liegt mir selbst sehr am Herzen und es nervt.« Sie: »Ich stelle Ihnen jetzt verschiedene Fragen und ich werde für Sie Ihre Antworten mitschreiben. Dann gebe ich Ihnen Ihre Antworten und wir können darüber reden.« ANMERKUNG: Sie können Hr. Xaver die Fragen mündlich stellen oder diese schriftlich vorbereitet überreichen. Bei schriftlichem Vorgehen formulieren Sie die Fragen in »Ich-Form« um. Dann kann sich Hr. Xaver in aller Ruhe die Antworten überlegen. Wenn Sie die Fragen mündlich stellen, haben Sie die Chance, die Antworten noch weiter zu hinterfragen und zu vertiefen. Oft kommen dann spontan die ehrlicheren, unausgewogenen Antworten.
Durchführung	Fragen: • Was erleben Sie zurzeit als schwierig? • Was sind Ihre Gefühle und/oder Gewohnheiten, die Sie davon abhalten, das Thema mit Frische und Kreativität anzugehen und zu lösen? • Wenn die Situation lustig wäre, worüber würden Sie lachen?

	• Was will die Person, die diese Situation schafft, wirklich? Wie sorgt sie für sich? Was ist ihre positive Absicht hinter deren Verhalten? • Wie würden Sie diese Situation lösen, wenn Sie 20 Jahre älter wären? • Wie würden Sie diese Situation lösen, wenn Sie 20 Jahre jünger wären? • Was würden Sie anders tun (denken, sagen), wenn diese Situation eine Chance wäre? • Wie würde das Problem vom Standpunkt eines anderen Menschen (z. B. Herr X, Frau Y) aussehen? • Welche Lösungen haben Sie für ähnliche Problemstellungen in der Vergangenheit genutzt? • Wie hat die alte Lösung in der Vergangenheit funktioniert? • Wenn es früher leichter war – woran liegt es, dass diese Lösung jetzt ein Problem darstellt? • Was bringen Sie mit, um sich aus der Situation herauszuholen? • Ein nächster Schritt – was werden Sie als nächstes tun? • Was müssen Sie jetzt noch lernen und was brauchen Sie dafür? (von mir, aus sich selbst heraus)
Reflexion	Vereinbaren Sie einen weiteren Termin, an dem Sie nach einem gewissen Zeitpunkt die Veränderungen besprechen. Sie können im zweiten Schritt mit den nachfolgenden Alternativinterventionen Ihre Mitarbeitenden weiterhin begleiten.
Zusammenfassung	• Analyse der Situation • Fragen nach dem Muster der persönlichen Lösungskompetenz • Nachhaltigkeitssicherung
Alternativen	• Die innere Landkarte strukturieren • Neue Energien für sich entdecken

Das höre ich von meinen Mitarbeitenden	**»Ich finde, dass man das Produkt meiner Kundschaft nicht verkaufen kann«**
Intervention	Zirkuläre Fragen
Logische Ebene	Werte, Glauben, Überzeugung, Identität
Ausgangssituation	Normalerweise balancieren vertriebsmitarbeitende Personen in einem Kundengespräch die Interessen der Kundschaft, die des eigenen Unternehmens sowie persönliche Interessen aus. Sie wollen die Kundschaft nicht über den Tisch ziehen, müssen die Ziele ihres Unternehmens vertreten und wollen selbst genügend Provision verdienen. Manchmal kommt es vor, dass diese Balance aufgelöst und Ihre Mitarbeitende zum Kundschaftsanwalt werden. Sie schützen die Kunden vor einem Fehlkauf, und sie schützen sich natürlich selbst davor, dass sie von der Kundschaft nicht mehr »geliebt« werden. In vielen Unternehmen gibt es solche Reaktionen gerade dann, wenn das Produktmanagement sich neue, »innovative« Produkte einfallen lässt, von denen die Mitarbeitenden noch nicht überzeugt sind. Zirkuläre Fragen ermöglichen es, die eigene Landkarte zu reflektieren und neue Sichtweise zu erlangen.
Ziele der Intervention	• Mitarbeitende reflektieren ihre eigene innere Landkarte. • Sie können das Problem aus unterschiedlichen Perspektiven betrachten. • Sie generieren eine erweiterte Sichtweise und erhalten dadurch mehr Handlungsoptionen.
Durchführung	Sie: »Herr Huber, Sie sagen, dass Sie dieses Produkt der Kundschaft nicht verkaufen können – was hält Sie davon ab?« Mitarbeiter: »Da hat die Kundschaft doch keine Vorteile, das bringt denen doch nichts.« Sie: »Wenn ich Ihre Kundschaft fragen würde, was sie von Vertriebsmitarbeitenden erwartet, was würde sie antworten?« Mitarbeiter: »Sie würde sagen, dass diese Person mir ja keinen Schrott verkaufen soll!« Sie: »Was würde die Kundschaft als Schrott bezeichnen?« Mitarbeiter: »Ja so etwas wie dieses Produkt?« Sie: »Angenommen, zwei Jahre später erfährt die Kundschaft, dass Sie ihr ein Produkt nicht vorgestellt haben, weil Sie gedacht haben, dass es nichts für sie sei – was würde sie sagen?«

	Mitarbeiter: »Tja, sie würde mich fragen, warum ich es nicht gemacht habe. Dann würde ich es ihr erklären.« Sie: »Angenommen, es wäre ein Produkt gewesen, welches sie aus heutiger Sicht hätte gebrauchen können.« Mitarbeiter: »Na ja, was soll ich sagen, das wäre blöd – Sie wollen mir damit sagen, dass ich sie vorher fragen soll, so dass sie es selbst entscheiden kann?« Sie: »Ich weiß nicht, wie es Ihnen geht, wenn Ihnen jemand etwas nicht erzählt, weil er oder sie meint, Sie brauchen es nicht. Ich persönlich wäre erst einmal sauer, ich würde mich entmündigt fühlen.« Mitarbeiter: »Da haben Sie recht – so würde es mir ja auch gehen.« Sie: »Angenommen, Sie fahren morgen zu ihrer Kundschaft und werden das neue Produkt zeigen, wie würden Sie nun vorgehen, um zu erfahren, ob sie es braucht oder nicht?« Mitarbeiter: »Ich würde erst einmal eine Bedarfsanalyse machen und ihr dann das Produkt vorstellen, dann kann sie immer noch entscheiden.« Sie: »Wie stimmig ist das für Sie?« Mitarbeiter: »Sehr!« Sie: »Na dann mal los.«
Reflexion	Nach dem nächsten Telefonat oder Kundentermin sprechen Sie noch einmal mit Ihren Mitarbeitenden, was sich nun für sie verändert hat. Speziell darüber, wie sie vorgegangen sind und wie die Kundschaft reagiert hat.
Zusammen-fassung	Analysieren Sie mit Ihren Mitarbeitenden die Gründe, warum es ihnen so schwer fällt, das Produkt bei der Kundschaft zu verkaufen Analysieren Sie mit ihr aus der Sicht der Kundschaft »Angenommen ich würde die Kundschaft fragen...« Analysieren Sie aus einer anderen Zeit: »Angenommen Sie würden es morgen so machen...«

Das höre ich von meinen Mitarbeitenden	**»Ich muss die Kundschaft doch über alles informieren«**
Intervention	Rollenspiel
Logische Ebene	Verhalten, Fähigkeiten, Überzeugung
Ausgangs-situation	Eine wunderbare Möglichkeit, Ihre Mitarbeitenden ins Lernen zu bringen und den Teachable Moment zu verstärken, ist die Technik des Rollentauschs. Diese Intervention wenden Sie an, wenn Sie nach dem Gespräch mit der Kundschaft in einem ruhigen Raum mit Ihren Mitarbeitenden zusammen die Szene noch einmal nachspielen. Hierbei gibt es verschiedene Möglichkeiten dies zu gestalten: • Ihre Mitarbeitenden gehen in die Rolle der Kundschaft und Sie übernehmen die Rolle Ihrer Mitarbeitenden. • Sie übernehmen die Rolle der Kundschaft und sie bleiben in deren Rolle (siehe nächste Beschreibung).
Ziele der Intervention	• Steigerung der empathischen Fähigkeiten • Steigerung der Wahrnehmungsfähigkeit • Erwerben der Kompetenz, die Welt aus der Sicht einer anderen Person zu sehen • Entwickeln einer Lösungskompetenz für das dialogische Prinzip
Einleitung der Intervention	Sie können z. B. beginnen mit: Sie: »Wie ich Ihnen schon als Feedback zurückgemeldet habe, war die Bedarfsanalyse mit 3 Fragen sehr kurz und die Produktpräsentation mit 30 Minuten so lang, dass die Kundschaft nicht mehr aufmerksam war. Ich würde gerne mit Ihnen speziell diese Szene noch einmal betrachten. Ich möchte gerne, dass Sie in die Rolle der Kundschaft gehen und diese spielen, und ich werde Ihre Rolle übernehmen und die Szene so spielen, wie ich sie von außen erlebt habe. Sind Sie damit einverstanden?« Mitarbeitende Person: »Ja, das wäre sicher gut!«
Durchführung	Ihre Mitarbeitenden spielen jetzt die Kundschaft und Sie starten mit der beobachteten Sequenz aus der Bedarfsanalyse. Spielen Sie die Situation mit den Worten, der Mimik und der Gestik Ihrer Mitarbeitenden – allerdings nicht parodierend! Sie starten mit drei Fragen und in einer abgekürzten Version die Produktpräsentation. Nach 5 Minuten stoppen Sie und Fragen Ihre Mitarbeitenden aus der Rolle der Kundschaft. Dabei achten Sie darauf, dass die Vertriebsmitarbeitenden aus der Rolle der Kundschaft die Antworten geben.

	Beispiel: Sie: »Herr Huber, wie geht es Ihnen gerade?« Huber: »Ich fühle mich ganz erschlagen.« Sie: »Was konkret hat Sie erschlagen?« Huber: »Ich habe jetzt so viele Infos erhalten, die kann ich mir gar nicht merken.« Sie: »Herr Huber, was hätten Sie sich gewünscht?« Huber: »Na ja, eigentlich hätte ich noch gerne weitergeredet, als Sie mir die drei Fragen gestellt haben.« Jetzt ist ein erneuter Teachable Moment entstanden, tiefer als nur durch das Feedback. Wurde das Feedback noch vom Verstand aufgenommen, wird nun das Herz berührt – und das sagt mehr als tausend Worte.
Reflexion	Im nächsten Gespräch mit der Kundschaft vereinbaren Sie, dass der Fokus auf dem Redeanteil liegt. Nach jedem Gespräch mit der Kundschaft können Sie nun gemeinsam die Erfolge benennen und »feiern«. In kleinen Häppchen serviert, wird die neue Fähigkeit schnell in ein dauerhaftes Handlungsmuster übergehen. Im Anschluss können Sie Ihren Mitarbeitenden auch die Intervention »Die innere Landkarte strukturieren« anbieten.
Zusammen-fassung	• Klares Feedback nach einem gemeinsamen Gespräch mit der Kundschaft • die Mitarbeitenden spielen in einem Rollenspiel die Kundschaft • die Führungskraft spielt die Szene aus dem Gespräch in der Rolle der mitarbeitenden Person • ein klarer Auftrag für das nächstes Gespräch mit der Kundschaft wird gemeinsam formuliert

Interventionen auf den Ebenen Verhalten und Fähigkeiten für das systemische Sales Coaching im Nachgespräch

Die Interventionen auf den Ebenen Verhalten und Fähigkeiten basieren überwiegend auf Wissensvermittlung und Training der Fähigkeiten. Ihre Mitarbeitenden »WOLLEN«, aber wissen nicht was sie wie tun sollen, bzw. KÖNNEN die einzelnen Verkaufsequenz nicht zielgerichtet gestalten. Aus diesem Grund haben wir für Sie nachfolgend in Kurzform Modelle zur Steigerung der Verkaufskompetenz auf den Ebenen Verhalten, Fähigkeiten und Fertigkeiten zusammengestellt.

Die Fragestellungen hier könnten lauten:

- Ich weiß nicht, worüber ich beim Small Talk – außer über das Wetter – reden soll.
- Ich weiß nicht, wie ich bei meiner Kundschaft Bedarfe wecken soll.
- Ich kenne keine Motive und stelle mir die Frage, wie ich sie hören und damit umgehen soll
- Ich habe keine geeignete Methode, um mit Einwänden umzugehen.
- Ich habe von Fragetechnik nur einmal etwas in der Schule gehört.

Das höre ich von meinen Mitarbeitenden	**»Ich weiß nicht, worüber ich beim Small Talk – außer über das Wetter – reden soll«**
Intervention	»Deep Talk«-Fragetraining
Logische Ebene	Fähigkeiten, Verhalten
Modell	Viele Menschen verwenden die Aufwärmphase nur deswegen, weil man ihnen gesagt hat, dass diese wichtig sei. Manchmal hört man als Überleitung ein »So, kommen wir nun zu den Punkten, wegen denen ich hier bin!«. Small Talk also als Mittel zum Zweck. Eine Aufwärmphase dient in unserem Verständnis dazu, einen wirklichen Unterschied zur Konkurrenz zur ermöglichen. Wenn Sie sich den Menschen hinwenden, sich für sie interessieren, besteht die Chance, mehr zu erfahren und für einen nachhaltigen Kontakt zu sorgen. Wir unterscheiden zwischen Small Talk und Deep Talk. Small Talk beinhaltet Themen wie Wetter, die Anreise, den letzten Urlaub, den Umbau, den Tischschmuck. Sie kennen sicherlich solche Gespräche: belanglos, freundlich, unaufregend. Deep Talk ist das Erforschen der Motivstruktur Ihres Gegenübers – und Motive sind hochemotional. Fragen danach sind u. a.: • Was bewegt Sie zu …? • Was begeistert Sie an …? • Was motiviert Sie, dies …? Es gibt drei große Bereiche, über die Menschen gerne reden. An erster Stelle steht der Beruf, dann kommt der Bereich Freizeit und Hobby, und am Ende die Familie. Wenn Sie und die Kunden Kinder im gleichen Alter haben, kommt oft ein wunderbares Gespräch zustande. Man unterhält sich über die Probleme bei der Kindererziehung. Was aber machen, wenn Sie keine Kinder haben oder kein Golf spielen und Sie den Golfschläger bei der Kundschaft an der Wand sehen? Begibt man sich nicht auf glattes Eis, wenn man über Themen spricht, bei denen man selbst ein Laie ist? Wir sagen »Nein!«, denn es kommt darauf an, um was es Ihnen geht. Uns geht es in dieser Phase darum, den Menschen hinter der Kundschaft kennenzulernen.

Starten Sie ruhig mit dem Thema Golf: »Hr. Huber, ich selbst spiele kein Golf. Aber ich sehe da den Schläger an der Wand. Sind Sie ein begeisterter Spieler? Was ist es, was Sie am Golfspiel so mögen?

Jetzt können Sie das Modell des Fragekreuzes wunderbar anwenden (siehe unten). Wenn Sie neugierig bleiben, wenn Sie erforschen, was Ihre Kundschaft bewegt und warum, erhalten Sie:

- eine Menge an Informationen über die Werte und Motive Ihrer Kundschaft
- eine wunderbare Beziehung
- ein Alleinstellungsmerkmal, denn es gibt nur wenige, die so vorgehen.

Sie können Ihren Mitarbeitenden das Modell vom Small Talk und Deep Talk erklären und dann die einzelnen Themen mit ihnen trainieren. Wenn Sie selbst ein Hobby haben, stellen Sie sich den Fragen Ihrer Mitarbeitenden und geben danach Feedback.

Ein paar weitere Fragen zu Beruf und Familie:

- Wie haben Sie es geschafft, Ihr Unternehmen so erfolgreich zu machen?
- Was hat Sie gereizt, diese Aufgabe zu übernehmen?
- Wie vereinbaren Sie Beruf und Familie?
- Was wäre in Ihrer Vorstellung gut für die Zukunft Ihrer Kinder?

Das höre ich von meinen Mitarbeitenden	**»Ich weiß nicht, wie ich bei meiner Kundschaft den Bedarf wecken soll«**
Intervention	Rollenspiel
Logische Ebene	Verhalten, Fähigkeiten
Ausgangs-situation	Als alternative Rollenspielsequenz: Sie übernehmen die Rolle der Kundschaft und Ihre Vertriebsmitarbeitenden bleiben in ihrer eigenen Rolle (siehe nächste Beschreibung). Sie haben, wie oben beschrieben, Ihren Mitarbeitenden sensibilisiert auf das Thema »Redeanteil«. Hierbei stellen Sie fest, dass diesen das Handwerkszeug für eine effektive Gestaltung der Bedarfsanalyse und Bedarfsweckung fehlt.
Ziele der Intervention	• Ihr Mitarbeitenden bringen relevante Verkaufstools in ihr tägliches Handeln ein. • Ihre Verkaufskompetenzen ist nachhaltig gesteigert.
Modell	Fragen Sie am Anfang, welches Modell zur Bedarfsanalyse und -weckung Ihre Mitarbeitenden kennen. Sollte kein Modell in Ihrem Unternehmen eingeführt worden sein, können Sie das sogenannte ISPANA-Modell nehmen – dieses zeigt ein Vorgehen in sechs Schritten. Jeder Buchstabe des ISPANA-Modells steht für eine Phase:
I – Intro	Menschen brauchen Orientierung. Allein schon beim Bahn fahren fällt auf, dass Menschen launisch werden , wenn der Zug vom Bahnhof nicht abfährt und keine entsprechende Durchsage kommt, was gerade geschieht. Das gilt natürlich auch für Kunden im Gespräch: Sie brauchen Orientierung. Eine kleine Info, warum die Verzögerung stattfindet, schafft da Abhilfe. Wir wollen wissen, warum das passiert, was gerade geschieht. In der Einstiegsphase informieren Ihre Vertriebsmitarbeitenden ihre Kunden, warum es für die Kunden und für die Mitarbeitenden wichtig ist, im Vorfeld eine Analyse der Kundensituationen durchzuführen. Eine mögliche Formulierung könnte sein: »Frau Denzer, wir von der Firma XY entwickeln immer wieder neue Produkte und Dienstleistungen zum Wohl unserer Kunden. Ob eines der neuen Produkte, für die ich Sie gerne gewinnen möchte, etwas für Sie ist, weiß ich nicht. Ist es für Sie in Ordnung, wenn ich Ihnen erst einmal ein paar Fragen stelle, um dies zu überprüfen?« Hat die Kundin aus unsrem Beispiel ihr Einverständnis dazu gegeben, weiß sie nun, wie es weitergeht. Sie merkt, dass die

beratende Person ihr ein angemessenes Produkt verkaufen will und dazu Orientierung braucht. Das ist gut so – denn dann passt das Produkt wahrscheinlich besser auf den vorhandenen Bedarf. Außerdem ist es so, dass recht viele Menschen es angenehm finden, wenn nach ihren Bedürfnissen und Wünschen gefragt wird. Wir sollten dabei diskret vorgehen und den Ausführungen des Gegenübers Raum gewähren, ohne dabei die Person durch indiskretes Nachfragen zu verschrecken.

In heiklen Themenfeldern Ihrer Produktwelten (Finanzen, Sexualität, Altersbeschwerden, Krankheit usw.) sind offene Fragen immer besser, da sie dem Gegenüber Raum geben, über das zu sprechen, über das sie oder er sprechen möchte.

S – Situationsfragen

Nun wird die aktuelle Situation der Kundschaft mit weit geöffneten Fragen analysiert. Fragen könnten sein (je nach Produktwelt):

Was ist Ihnen wichtig, wenn Sie fernsehen?

Für wie viele Personen muss denn im Haushalt die Wäsche gewaschen werden?

Haben Sie Kinder – und was wünschen Sie sich für deren Zukunft?

Welche Risiken sehen Sie in Ihrem derzeitigen Leben und gegen welche davon haben Sie sich abgesichert?

Wie haben Sie in der Vergangenheit die nötigen Anschaffungen finanziert?

Welchen Traum haben Sie von Ihrem Leben in zehn Jahren?

P – Problemfragen

In dieser Sequenz gilt es, die aktuelle Problemsicht der Kundschaft in Bezug auf das zu positionierende Thema zu erforschen. Ebenso geht es hier um Herausforderungen und Ziele, die die Kundschaft verfolgt.

- Was ließe sich in Ihren Augen verbessern?
- Welche Situationen lassen sich bisher nur schwierig oder nicht zufriedenstellend meistern?
- Was macht Ihnen bei den bisherigen Lösungen Sorgen?
- Was sollte verbessert werden?

A – Auswirkung/ Auswirkungsfragen

In dieser Phase ist es gut, ruhig auch einmal von dem Fragemodus abzuweichen und die genannte Problemstellung der Kundschaft zu spiegeln. Dies kann durch eine Geschichte über Dritte, eine Metapher oder über Storytelling erfolgen.

»Sie sagen also, Sie wollen nicht mehr vor jedem Urlaub den Streit mit der Familie haben, wer etwas in den Urlaub mitnehmen

	darf, nur weil der Kofferraum zu klein ist. Ich kann mir vorstellen, dass es Ihnen wie einer streitschlichtenden Person geht, die nur damit beschäftigt ist, dass alle sich wohlfühlen. Was haben diese Streitereien für Auswirkungen auf Sie?« Dieses Praxisbeispiel zeigt, dass sich die Kundin oder der Kunde vermutlich ein größeres Auto wünscht, welches einen großen Kofferraum hat. Sie oder er wünscht sich Entlastung und möchte entspannt den Urlaub beginnen. Die Verkaufsperson möchte mit der Auswirkungsfrage noch klären, welche weiteren Bedarfe für die Kundschaft noch relevant sind, z. B. der nach ökologischer Nachhaltigkeit. Je nach Antwort, kann sie nun bedarfsgerechter ein Produkt anbieten.
N – Nutzen	Nun wird hinterfragt, welche Lösung für die Kundschaft von Nutzen sein könnte. Ihre Vertriebsmitarbeitenden können auch die »Geschichte über Dritte« erzählen, welchen Nutzen diese Lösung für einen anderen Kunden hatte und wie diese jetzige Kundschaft dies heute, nach dem Kauf, bewertet. »Angenommen, wir hätten dieses Auto, welches einen entsprechend großen Kofferraum hat und gleichzeitig eine A-Klassen-Energieeffizienz – was würde sich für Sie ändern?« Hier sichert die Verkaufsperson nochmals die Bedarfsanalyse genau ab – ggf. sagt nun die Kundschaft noch: »Naja, das Auto sollte nicht so viel kosten…«. Auch hier bietet sich dann an, direkt den Kostenrahmen abzuchecken – immer mit dem Ziel: »Ich biete das Produkt erst an, wenn ich die Stellfaktoren für ein gutes Auto genau kenne!«
A – Angebot/ (Vor-) Abschlussphase	Wenn alle Informationen aufgenommen wurden, kann übergeleitet werden und z. B. ein konkretes Angebot erstellt werden. Ihre Mitarbeitenden könnten z. B. mit der Formulierung abrunden: »Wenn das Angebot Ihnen grundsätzlich zusagt, wollen wir es uns dann mal genauer anschauen?« Klar ist, dass hier ein Commitment von der Kundschaft abholt wird, dass diese es ernst meint und dass man gemeinsam die nächsten Schritte gehen will. Die Vorgehensweise nach ISPANA zeigt sicher nochmals sehr gut auf, wie der Vertrieb der Zukunft laufen könnte. Hier erlebt die Kundschaft eine Beratung, die mehrwertig ist und die so auch in Zukunft nur schwer im Internet abbildbar sein wird.

Durchführung der Intervention	Erster Schritt: Stellen Sie Ihren Mitarbeitenden das Modell im ersten Schritt allgemein vor. Erklären Sie, was das Ziel von ISPANA ist und für was die einzelnen Buchstaben stehen. Zweiter Schritt: Geben Sie Ihren Mitarbeitenden den Auftrag, für jeden Buchstaben Fragen zu entwickeln. Dies kann sofort geschehen oder die Aufgabe bis zu Ihrem nächsten Treffen sein. Achten Sie darauf, dass der zeitliche Abstand eher klein ist. Wenn Ihre Mitarbeitenden diese Aufgabe erledigt haben, gehen Sie mit ihnen die Punkte durch. Korrigieren Sie dabei mittels Fragen: »Was haben Sie sich hierbei gedacht?«, »Wie hängt diese Frage mit dem Punkt ‚Auswirkung' zusammen?«. So besteht die Möglichkeit eines weiteren Lernens. Dritter Schritt, Rollenspiel: Sie gehen jetzt in die Rolle der Kundschaft und Ihre Mitarbeitenden bleiben in der jeweils eigenen Rolle. Sie spielen nun diese Sequenz Bedarfsanalyse mit dem ISPANA-Modell durch. Sie können dabei Schritt für Schritt vorgehen. Erst üben Sie die Situationsfragen und gehen in eine Feedbackrunde, danach die Problemfragen, usf. So lernen Ihre Mitarbeitenden Stück für Stück die neue Technik und werden sicher und souverän im Umgang mit ihr.
Reflexion	Wie weiter oben beschrieben, geben Sie Ihren Mitarbeitenden die Aufgabe, sich bei den nächsten Gesprächen mit der Kundschaft speziell auf ISPANA zu konzentrieren. Sie können die Aufgabe auch wieder in kleine Häppchen aufteilen. Bei den nächsten zwei Gesprächen konzentrieren sich Ihre Mitarbeitenden auf »I« und »S«. Danach reflektieren Sie gemeinsam. Wenn »I« und »S« souverän verstanden und ausgeführt werden, geht der nächste Schritt zu »P« und »A« – usw.
Zusammenfassung	• Rückmeldung aus dem Coaching on the Job • Darstellung des Modells für eine effektive Bedarfsanalyse/-weckung • Ausarbeiten der Detailfragen/Handlungen • Rollenspiel • Arbeitsauftrag für die Umsetzung

Das höre ich von meinen Mitarbeitenden	**»Ich stelle mir die Frage, wie ich Motive hören und damit umgehen kann«**
Intervention	Motive kennenlernen und gezieltes Frage- und Formulierungstraining
Logische Ebene	Verhalten und Fähigkeiten
Modell	Motive sind die Triebfedern unseres Handelns. Steven Reiss, ein amerikanischer Motivforscher, hat in einer weltweiten Studie 16 Lebensmotive herauskristallisiert, mit jeweils polarer Ausprägung. Die Lebensmotive sind »Letztmotive« also »Endzwecke« menschlichen Handelns. Dabei hat jeder Mensch individuelle Motivstrukturen und lebt diese auch verschieden aus. Die 16 Lebensmotive sind • Status • Emotionale Ruhe • Anerkennung • Rache/Wettkampf • Ordnung • Ehre • Beziehung • Unabhängigkeit • Macht • Essen • Neugierde • Körperliche Aktivität • Familie • Sammeln/Sparen • Idealismus • Eros 16 Motive sind für jemanden, der sich noch nie mit Motiven beschäftigt hat, eine echte Herausforderung. Fragen Sie Ihre Mitarbeitenden, welche Motive sie kennen Fragen Sie, was ihnen im Leben wichtig ist. Und tragen Sie gemeinsam zusammen, welche Motive sie bei anderen Menschen

beobachtet haben. Oft hilft die Einstiegsfrage: »Wenn Sie sich ein Auto kaufen würden, was wäre Ihnen wichtig?«.

So sammeln Sie die ersten Motive. Dann reduzieren Sie die Motive auf maximal sieben Kaufmotive. Fragen Sie Ihre Mitarbeitenden ruhig, welche der vielen Motive ihrer Meinung nach wichtig im Verkauf sind.

Häufig genannt werden hier:

- Sicherheit
- Ansehen, Status und Macht
- Preis, Rendite
- Idealismus, Soziales, Ökologie
- Bequemlichkeit, Emotionale Ruhe, Entspannung
- Gesundheit
- Neugierde und Entdeckung

Haben Sie diese gesammelt, gehen Sie mit Ihren Mitarbeitenden folgende Frage durch: »An welchem Verhalten und an welchen Aussagen erkennen Sie das Motiv?« So erweitern Sie langsam die Kriterien der Wahrnehmung.

Nachdem Sie alle Motive schriftlich erarbeitet haben, geben Sie bei dem nächsten gemeinsamen Kundenbesuchen im Rahmen des Coaching on the Job den Auftrag:

»Sie achten bei diesem Gespräch diesmal nur darauf, welche Motive die Kundschaft hat. Ich werde es auch so machen. Im Anschluss unterhalten wir uns, welche Motive Sie gehört haben, und welche ich.«

Und wie geht es nun weiter? Kennen Ihre Mitarbeitenden die Motive und können sie diese bei den Gesprächen mit Kundschaft erkennen, erweitern Sie die Kriterien der Wahrnehmung auf das ISPANA Modell: »Welche Fragen müssen Sie nun bei der Bedarfsanalysephase stellen, um die Motive des Kunden aktiv zu erforschen?«. Und danach geben Sie wieder den Auftrag, sich beim nächsten Kundenbesuch entsprechend zu konzentrieren.

Am Ende können Sie noch mit den Mitarbeitenden üben, das Produkt motivorientiert zu präsentieren. Hierzu eignet sich die sogenannte LVN-Methode, die Sie Ihren Mitarbeitenden vorstellen können:

LVN-Methode:	
L = Lösung	Am Anfang ist es wichtig das Ziel, den Wunsch oder das Problem der Kunden, für welches sie eine Lösung suchen, zu wiederholen. Dies kennen Sie vielleicht als Technik des Aktiven Zuhörens. »Sie sagten, Sie suchen für den Bereich Risikoabsicherung ein Angebot…«
V = Vorteile Ihres Produktes	Die herausragenden Produktmerkmale werden nun mit dem Lösungswunsch der Kundin/des Kunden verknüpft. »Sie sagten, Sie suchen für den Bereich Risikoabsicherung ein Angebot, welches Ihnen schnell einen Überblick verschafft, wie der Stand der Dinge ist. Hierfür würde sich gut eignen…«. Ihre Mitarbeitenden können nun von Detailwunsch zu Detailwunsch vorgehen. Gut wäre es, wenn dabei der Name Ihres Produktes weggelassen wird. Namen sind wie Schall und Rauch – hat Goethe schon gesagt – viel wichtiger ist es, hier die individuellen Bedürfnisse der Kundinnen und Kunden zu berücksichtigen.
N = Nutzen	Die Überleitung zum persönlichen Nutzen, dem eigentlichen Kaufmotiv, erfolgt mit folgenden Formulierungen: • Das bedeutet für Sie • Das garantiert Ihnen • Das sichert Ihnen • Das spart Ihnen • etc. Beispiel: »Das spart Ihnen viel Zeit, die Sie dann in wichtigere Projekte investieren können« – natürlich nur dann, wenn die Kundschaft erwähnt hat, dass Zeit ein Ziel oder ein Problem für sie darstellt.

Das höre ich von meinen Mitarbeitenden	»Ich habe keine geeignete Methode, um mit Einwänden umzugehen«
Intervention	AIKIDO-Methode anwenden lernen
Logische Ebene	Fähigkeiten und Verhalten
Modell	Sammeln Sie am Anfang die Einwände, die Ihren Mitarbeitenden Schwierigkeiten bereiten. Danach fragen Sie, wie Ihre Mitarbeitenden bisher damit umgehen. Das ist eine gute Möglichkeit, die bisherige Kompetenz zu erforschen. Stellen Sie ein Modell aus der Einwandbehandlung vor, welches wir AIKIDO-Modell genannt haben. Warum AIKIDO? Dies ist eine asiatische Kampfkunst, die die Energie des Gegenübers nutzt, statt gegen diese anzugehen.
Aikido Stufe 1	**Zuhören, Ausreden lassen und »Soziale Laute«** Bringen Kunden einen Einwand vor, so signalisieren sie zunächst ihr mangelndes Einverständnis mit bestimmten Punkten. Nun wäre es falsch, vorschnell dagegen zu argumentieren. Auf einem Produkt zu beharren, das die Kunden im Augenblick als nicht nutzbringend ansehen, ist nicht förderlich. Hier ist es gut, ihre Kunden ausreden zu lassen und gut zuzuhören.
Aikido Stufe 2	**Einwand aufnehmen und würdigen** Ihre Mitarbeitenden würdigen hier die Bedenken ihrer Kunden und stellen die für sie positive Absicht in den Vordergrund. Beispiel: Kunde: »Die Zinsen sind zu niedrig« Mitarbeitende Person: »Ich merke, Ihnen liegt viel daran, mehr aus Ihrem Geld zu machen.« Kunde: »Dafür habe ich keine Zeit« Mitarbeitende Person: »Ja, Zeit ist wirklich ein kostbares Gut, ein knappes Gut. Ich vermute, dass Sie genau überlegen, für was und für wen Sie Ihre Zeit investieren.« Bitte danach immer einen kleinen Moment innehalten, um die Würdigung wirken zu lassen. Also nicht gleich weitermachen, und so das Gesagte wieder zuzudecken.
Aikido Stufe 3	**Einwand fragend einkreisen** Manche Kunden drücken ihre Kritik nicht direkt aus, z. B. »Ihr Unternehmen ist ja nur für große Kunden da«. Viele Kunden sagen aber stattdessen, »Ich habe schon einen Lieferanten.« Antworten Ihre Mitarbeitenden, ohne die wahren Bedenken des

	Kunden zu kennen, so werden sie nicht überzeugen, sondern am Kunden vorbeireden. Zielführender ist es, wenn Ihre Mitarbeitenden durch Fragen herausfinden, was die wahren Bedenken, Gedanken und inneren Bilder Ihres Kunden sind. Kunde: Ich habe keine Zeit. Mitarbeitende Person: Was denken Sie, wie lange unser Gespräch dauern wird? Kunde: Die Zinsen sind zu niedrig. Mitarbeitende Person: Was ist Ihnen, neben dem Zins, wichtig, wenn Sie mit uns Geschäfte machen? Kunde: Ich habe schon einen Lieferanten. Mitarbeitende Person: Was schätzen Sie so an Ihrem Lieferanten? Angenommen, Sie würden wechseln und Teile Ihres Auftrages bringen Sie zu uns, was wären Ihre Kriterien?
Aikido Stufe 4	**Alternativen, Lösungen, Ideen** Die gewonnenen Informationen aus der Aikido Stufe 3 ermöglichen es Ihren Mitarbeitenden nun, ihre Argumentation noch viel zielgerichteter zu platzieren. Wie gehen Sie nun vor: Nach dem Vorstellen des Modells lassen Sie bei jedem Kundeneinwand erst einmal die Stufen 1 und 2 erarbeiten, danach 3 und 4. So lernen Ihre Mitarbeitenden in kleinen Häppchen, die verdaulich sind, neue Handlungsweisen. Ein Beispiel für »Das Produkt ist zu teuer« ab der Stufe 2: »Herr Kunde, ich merke, dass Ihnen ein gutes Preis-Leistungsverhältnis wichtig ist.« Stufe 3: »Was, neben dem Preis, ist Ihnen noch wichtig?« Stufe 4: »Genau aus diesem Grund...« Sie, als Sales Coach, können danach wieder in die Rolle des Kunden schlüpfen und bringen einen Einwand und Ihr Mitarbeiter/Ihre Mitarbeiterin soll genau nach diesen vier Stufen vorgehen.

Nach jedem Einwand geben Sie die Rückmeldung zu folgenden Punkten:

- Struktur der Einwandbehandlung
- Logischer Aufbau
- Pausensetzung nach Stufe 2
- Wirkung auf Sie, als Kunde

Wenn Sie mögen, können Sie dann auch wieder in die Rolle Ihres Mitarbeiters/ihrer Mitarbeiterin schlüpfen und selbst den Einwänden begegnen. So lernen Sie bei Bedarf selbst und Ihre Mitarbeitenden sammeln Erfahrungen aus der Sicht des Kunden.

Das höre ich von meinen Mitarbeitenden	**»Ich habe von Fragetechnik nur etwas in der Schule gehört«**
Intervention	Die innere Landkarte selbst gestalten
Logische Ebene	Werte, Glauben, Überzeugung, Identität
Modell	Starten Sie damit, was Ihre Mitarbeitenden konkret in der Schule gehört haben und was sie diesbezüglich noch wissen. Sie werden etwas von offenen und geschlossenen Fragen gehört haben, von Kettenfragen usf. Aus unserer Erfahrung ist schon eine Menge vorhanden, wenn man es sich bewusst macht. Sie können dann folgendes Modell näherbringen, mit dem wir sehr gerne arbeiten: Das Fragekreuz: 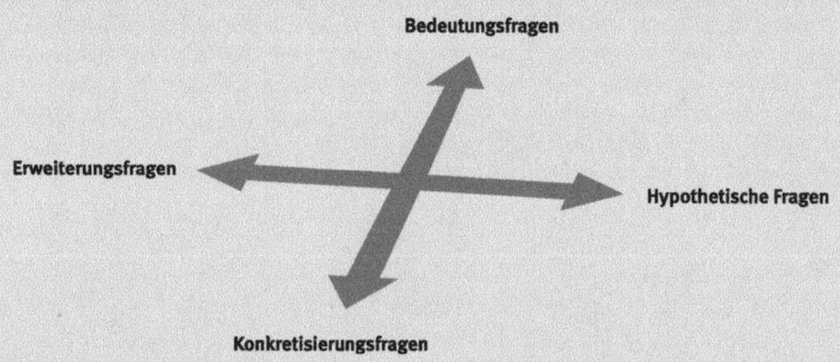 Stellen Sie Ihren Mitarbeitenden die vier Fragerichtungen vor. Dabei sind… **Bedeutungsfragen** Fragen nach Wichtigkeit und Motivation, z. B. »Was ist daran wichtig?«, »Was hat Sie motiviert, so zu handeln?«, »Was macht den Reiz für Sie aus?« Dies sind Fragen, die die Motivstruktur erforschen. **Erweiterungsfragen** Fragen, die den Inhalt des Gesagten in der Aussage erweitern, z. B.: »Was ist Ihnen dabei noch wichtig?« »Was darüber hinaus sind Ihre Aspekte…?« **Konkretisierungsfragen** Fragen, die die Kundenaussagen konkreter machen, z. B. »Was heißt das für Sie konkret?«, »Was meinen Sie damit im Detail?« »Was meinen Sie damit genau?«

Hypothetische Fragen

Fragen, die einen anderen Kontext ermöglichen, z. B.: »Angenommen, Sie würden sich entschließen unser Unternehmen mit als Lieferant aufzunehmen, was wären Ihre Kriterien?«

Sie können mit Ihren Mitarbeitern nun wie folgt trainieren: »Herr Franz, fragen Sie mich bitte etwas, was Sie interessiert, z. B. mein Hobby. Stellen Sie mir viele verschiedene Fragen auf Basis des Fragekreuzes.«

Danach können Sie wieder die Rollen wechseln, so das Sie in die Rolle eine/r Mitarbeitenden schlüpfen und Ihre Mitarbeitenden in die Rolle eines Kunden.

Beherrschen Ihre Mitarbeitenden das Fragekreuz, dann fokussieren Sie mit ihnen, welche Aussagen des Kunden, auf welche Motivstruktur schließen lassen.

Strategisches Denken und Lernen im Coaching fördern

Nachfolgend stellen wir Ihnen einen Prozess vor, wie Sie als Vertriebsführungskraft einen strategischen Vertriebsworkshop mit Ihrem Vertriebsteam durchführen können. Anders als die vorangegangenen Interventionen ist hier der ganze Prozess des Workshops praxisnah abgebildet. Denn wir sind der Meinung, dass zeitgemäßes Sales Coaching strategisches Denken und Lernen fördern muss: bei Mitarbeitenden im Vertrieb, bei Geschäftsführenden und Vorständen.

Im Folgenden lernen Sie Grundsätze zum strategischen Denken, Lernen und Sales Coaching-Tools zur Gestaltung eines enstsprechenden Workshop kennen. Starten wir mit einer allgemeinen Hinführung, einer Selbstanalyse und dann mit dem Prozess im Workshop.

Grundsätze zum strategischen Denken

Strategisches Denken setzt Offenheit für Veränderungen voraus. Im Vordergrund steht nicht der Gedanke an mögliche Verluste, sondern an die Chancen, die mit jeder Veränderung einhergehen. Die Chancen, Neues zu entwickeln und sich von alten Strukturen zu lösen. Strategisches Denken heißt damit, sich aktiv mit der Zukunft und deren möglichen Entwicklungen auseinanderzusetzen. Dabei müssen komplexe Zusammenhänge erfasst und durchdrungen werden. Folgende Charakteristika kennzeichnen strategisches Denken:

- **Zukunftsorientiertes Denken**
  Strategisches Management hat zum Ziel, die Zukunft von strategischen Geschäftseinheiten aktiv zu gestalten. Damit sind vor allem Entscheidungen verbunden, die bis zu ihrer vollständigen Realisierung langer Zeiträume bedürfen. Die Wirkung dieser strategischen Entscheidungen ist aufgrund des steuernden Eingriffs in die vorhandenen, gelebten Prozesse der Mitarbeitenden nachhaltig. Dabei wird der Inhalt der Entscheidungen durch die vorhandenen Freiheitsgrade beeinflusst, innerhalb derer sich die Positionierung der strategischen Geschäftseinheit verändern lässt. Je frühzeitiger der strategische Planungsprozess einsetzt, desto größer sind die Freiheitsgrade. Strategisches Denken fokussiert nicht auf die nahe Zukunft, sondern hat langfristige Zeiträume im Blick. Langfristig genug, um die erforderlichen Freiheitsgrade zu bieten.

- **Denken in Optionen**
  Denken in Optionen heißt, den Gestaltungsfreiraum vollständig auszuleuchten und damit auch über extreme Alternativen nachzudenken. Es ist ein hohes Maß an Kreativität erforderlich, um viele »mögliche Welten« zu konzipieren und daraus ableitbare neue Geschäftsoptionen zu beschreiben. Das Denken in Optionen ist die Grundlage für die Entwicklung von strategischen Optionen. In einer strategischen

Beratung ist es deshalb wichtig, nicht nur die Vision, sondern auch die Chancen und Risiken, die sich in der Zukunft abzeichnen, zu reflektieren. Anhand dieser Erkenntnisse können Optionen für das Handeln eines Unternehmers oder auch eines Vertriebsleitenden erarbeitet werden, die Risikoreduzierung zum Ziel haben.

- **Lust am Gestalten**
Strategisches Denken basiert nicht nur auf der Annahme, dass sich Entwicklungen der Vergangenheit in die Zukunft fortschreiben lassen. Veränderungen oder sogar Strukturbrüche müssen möglichst frühzeitig antizipiert werden, um nach Lösungen und, wenn zielführend, nach neuen Wegen zu suchen.

  Denn strategisches Denken darf nicht primär daran ansetzen, sich auf einem gewohnten Pfad zu bewegen und einen Unternehmensbereich lediglich gemäß dem Ist-Zustand weiterzuentwickeln. Es hat sich vielmehr an der Metapher zu orientieren: »Wie wäre das Geschäft/das Produkt/der Vertriebsansatz zu konzipieren, wenn es heute auf der grünen Wiese neu zu gestalten wäre?«

- **Denken in Ursache- Wirkungsbeziehungen**
Unternehmen und deren strategische Einheiten sind komplexe Systeme von Elementen, die durch zahlreiche Beziehungen vernetzt sind. Zugleich sind sie offene Systeme mit Beziehungen zu Elementen ihres Umfeldes. Dieses Wirkungsgefüge ist nicht starr, es unterliegt vielmehr permanenten Veränderungen. Es treffen Vielfalt und Dynamik zusammen. Strategisches Denken erfordert Abstraktionsvermögen und unternehmerisches Gespür. Abstraktionsvermögen, um die wesentlichen Ursache-Wirkungsbeziehungen herausfiltern zu können und ein unternehmerisches Gespür, um die wesentlichen, treibenden Faktoren für Veränderungen und Trends frühzeitig zu erkennen und deren Auswirkungen vorhersehen zu können.

- **Wahrung der Perspektive eines Adlers**
Dabei ist es wichtig, nicht in komplexen Strukturen zu versinken, sondern die »Perspektive eines Adlers« einzunehmen, der den Überblick sucht und sich diesen bewahrt. Im Prozess liegt die Gefahr, in der Komplexität bzw. im »Das geht doch eh nicht, weil...« zu versinken. Dieser Gefahr gilt es mit der »Perspektive des Adlers« zu begegnen und aus dieser Perspektive die Frage zu stellen:

  »WAS MUSS PASSIEREN, DAMIT ES GEHT?«

  Denn der Adler sucht nach Lösungen und nicht nach Problemen. Nutzen wir diese Perspektive für ein lösungsorientiertes Arbeiten.

- **Strategisches Lernen**
Strategisches Lernen ist die Fähigkeit, systematisch relevantes Wissen über das Umfeld, die eigenen Kernkompetenzen und die geschäftlichen Entwicklungspotenziale zu erwerben. Es charakterisiert damit wesentliche Grundvoraussetzungen des strategischen Managements: Offenheit für Neues und für Veränderungen.

Hier ist Sales Coaching ein guter Weg bei der Begleitung von Führungskräften und Key-Account-Manager/-innen. Von diesen wird immer stärker auch strategisches Denken und Handeln gefordert. Um das eigene strategische Denken und Handeln zu reflektieren, können Sie als Sales Coach folgende Übung für sich durchführen.

Übung: Selbsteinschätzung zu strategischen Bereichen

Wenn ich die Kompetenzen des Strategischen Lernens und Denkens als Vertriebsführungskraft auf mein privates/berufliches Leben übertrage, wie schätze ich mich in dieser Kompetenz selbst ein?

Versinke ich in manchen Bereichen auch im operativen Reagieren und denke zu kurzfristig?

Bitte füllen Sie einmal in einer kurzen Selbstreflexion die nachfolgende Tabelle aus. In welchen Lebensbereichen denken und handeln Sie bereits sehr strategisch? In welchen Bereichen weniger bzw. gar nicht?

Lebensbereich	**Persönliche Selbsteinschätzung: Strategisches Denken und Handeln**		
Eigene Fitness, Gesundheit	Stark	Mittel	Gar nicht
Familie	Stark	Mittel	Gar nicht
Erziehung der Kinder	Stark	Mittel	Gar nicht
Eigene Weiterbildung	Stark	Mittel	Gar nicht
Urlaub	Stark	Mittel	Gar nicht
Hobby	Stark	Mittel	Gar nicht
Finanzen	Stark	Mittel	Gar nicht
?			
?			

Wenn Sie einen Bereich analysiert haben, wo Sie nicht strategisch Denken und Lernen, sie aber gleichzeitig der Meinung sind: **»Genau hier wäre es grundsätzlich nötig«**, dann stellen Sie sich bitte folgende Frage:

Was müsste ein Coach tun/ansprechen, um Sie in diesem Feld mit einer strategischen Beratung begleiten zu dürfen?

Sollten Sie im ersten Gedanken direkt sagen: »Gar nichts, hier will ich gar nicht!«, dann denken Sie trotzdem noch einmal nach, ob es nicht doch einen Weg gäbe, Sie hierfür zu gewinnen.

Ziele eines strategisch orientierten Sales Coachings

Das vordringliche Ziel eines strategischen Sales Coachings ist es:

- dem Coachee, also Ihrer Vertriebsmitarbeiterin/Ihrem Vertriebsmitarbeiter, eine Möglichkeit zu bieten, in einem gemeinsamen Dialog mit einer anderen Person die Adlerperspektive auf seinen/ihren Einflussbereich einzunehmen,
- ein Wunschbild des eigenen Bereiches (mein Markt, mein Vertriebsteam oder mein Unternehmen) zu entwickeln
- und daraus Handlungsfelder für das Hier und Jetzt abzuleiten.

Auf der kommenden Seite finden Sie ein Modell für strategisch orientiertes Sales Coaching.

Die acht Strategie-Schritte

Ein strategisch orientiertes Gespräch mit Ihren Vertriebsmitarbeitenden oder dem Vertriebsteam beginnt nicht mit einer Ist-Analyse oder einem Benchmark-Vergleich. Es richtet sich zunächst an der größeren Vision für den Einflussbereich des Coachees aus.

Effektive Zukunftspläne entstehen aus einer positiven Vision, z. B. denkt der Key-Account-Manager bzw. die Key-Account-Managerin die eigenen Ergebnisse, den eigenen Auftritt am Markt in zwei oder drei Jahren als Zielvision und entwickelt ein positives Zielbild zu dem er bzw. sie echte Leidenschaft entwickeln kann.

Fragen, die zu einer Vision führen:

Holen Sie sich zu Beginn des Gespräches eine Erlaubnis für eine »Reise in die Zukunft« ein, oder starten Sie Ihren Vertriebsworkshop – zum Beispiel so:

»Manchmal ist es wichtig das Ende zuerst zu denken, deshalb macht es Sinn, dass wir zunächst einmal eine Reise in die Zukunft wagen«.

»Welche relevanten Trends sehen Sie in den nächsten Jahren, die Ihre Arbeit maßgeblich beeinflussen werden?«

Lassen Sie in dieser Phase den Coachee sprechen und ergänzen Sie dann beizeiten Zukunftsfragen zu dem eigenen Bereich:

- »Was wünschen Sie sich, wie Sie Ihr Marktumfeld in drei oder in fünf Jahren bearbeiten werden?«
- »Wie soll Ihr Marktangang/Vertriebsprozess/Social-Media-Angang etc. dann aussehen?«
- »Was sollen dann Ihre Kunden über Sie sagen?«
- »Wer gibt Ihnen dann den Support, den Sie brauchen?«
- »Was haben Sie an Umsätzen erreicht?«
- »Was wollen Sie beruflich, was privat erreicht haben?«

Der erste Schritt ist also die eigene Vision und von da an lassen sich die weiteren Schritte anhand des folgenden Schaubildes ableiten.

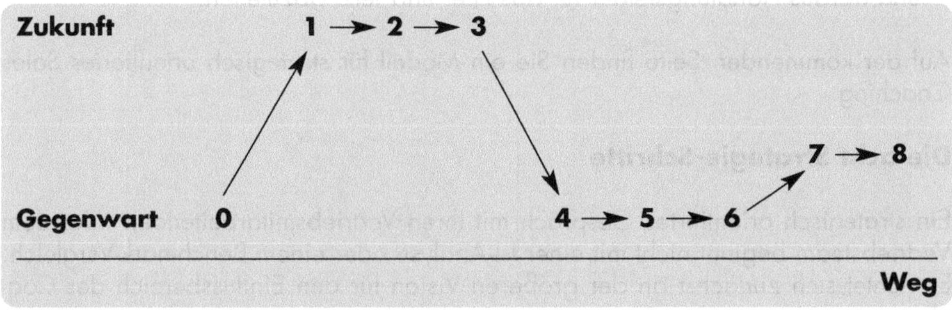

Schritt 0: Start mit der heutigen Situation

Schritt 1: Vision:
- Welche Trends sehen wir?
- Wer und was wollen wir dann sein?

Schritt 2: Was wollen wir tun?
Was ist unsere Leistung?

Schritt 3: Welche Chancen & Risiken ergeben sich daraus?

Schritt 4: Wo stehen wir jetzt wirklich?
Was fehlt uns?
Was ist vorhanden?

Schritt 5: Ziele erarbeiten, die im Einflussbereich liegen

Schritt 6: Erarbeiten der Messfaktoren

Schritt 7: Erarbeiten von Maßnahmen

Schritt 8: Definieren, wie man die Maßnahmen »im Gehen« überprüfen kann

Fragenkompass für die Zukunftsphase

In der Visionsphase sind folgende Fragen hilfreich:

- offene Fragen nach der Vision »Wo stehen Sie 202X mit...«
- Hypothetische Fragen: »Angenommen, wir sind im Jahr 202X...«, »Angenommen, die Kundenanzahl derer, die online kaufen möchte, nimmt zu, wie...«
- Erfolgsfaktorfragen: »Woran werden Sie konkret in 202X merken, dass Sie...«
- Bedeutungsfragen: »Was würde es für Sie bedeuten, ...« »Wie würde es Ihnen gehen, wenn Sie im Jahr 202X kein Papier mehr...«

Am Ende fassen Sie die Vision von den Vertriebsmitarbeitenden zusammen – gerne können Sie auch auf einem Flip-Chart Notizen zur Vision clustern.

Chancen und Risiken beleuchten

Ein Planungsprozess zur Vision kann nicht immer reibungslos verlaufen. So wichtig wie die klare Vision, die Sie als Vertriebsführungskraft verfolgen, ist auch die Auseinandersetzung des Teams mit den äußeren Einflussfaktoren, die Chancen und Risiken beinhalten. Bei diesem Schritt kann es passieren, dass die Vision zerredet wird. Das sollte natürlich vermieden werden. Daher gehen Sie im Gespräch sehr lösungsorientiert vor:

- auf der einen Seite die Vision klar im Blick behalten
- auf der anderen Seite die Chancen und Risiken auf dem Weg beachten
- Risiken begegnen wir mit der Frage: »Was muss passieren, damit das Risiko minimiert wird?«

Schlüsselfrage:
Angenommen, diese Vision wurde umgesetzt, welche Chancen ergeben sich für Sie, für unser Vertriebsteam und für das Umfeld daraus? Und welche Risiken ergeben sich daraus?

Auch diese Ergebnisse können in einer Art T-Konto eingetragen werden. Auf der einen Seite stehen die Risiken, die aufgelistet werden, auf der anderen Seite die Chancen. So hat man schnell eine gute Übersicht und sieht, welche Seite mehr Gewicht hat.

Die Gegenwartsphase

In der Gegenwartsphase lassen Sie als Sales Coach Ihre Vertriebsmitarbeitenden auf die Vision und die Chancen/Risiken schauen und beleuchtet nun in den Fragen das Hier und Jetzt.

In diesem Gespräch wird nun die Ist-Situation im Vergleich zur Vision herausgearbeitet. Daraus ergeben sich Herausforderungen, die angepackt werden müssen. Die Herausforderungen gilt es im Sales Coaching zu priorisieren. Dabei kann es wichtig sein, mit den Vertriebsmitarbeitenden zu schauen, wo Quick-Wins liegen, die ggfs. schnell angepackt werden können, aber schon eine große Auswirkung auf die Entwicklung des Bereiches haben. Zunächst soll aber in dieser Phase noch nicht an Maßnahmen (das folgt später in der Weg-Phase) gearbeitet werden. Vielmehr sollen aus den geclusterten Herausforderungen konkrete Ziele erarbeitet werden.

Besondere Fragen – Fragen nach Erfolgsfaktoren

Manchmal ist es wichtig, Zielsetzungen mit konkreten Fragen nach Erfolgsfaktoren messbar zu machen. So kann zum Beispiel ein Ziel, »Wir werden dann noch stärker Beratungsprodukte verkaufen…«, konkretisiert werden, durch die Frage:

- »Woran werden Sie erkennen, dass dieses Ziel erreicht wurde? Wieviel Beratungsprodukte im Monat werden es dann sein?«

Mit diesen Fragen können Sie die Ziele messbar machen:

- »Woran werden Sie merken, dass Sie die Ziele erreicht haben?«
- »Wie werden sich die Mitarbeitenden im Umfeld verhalten?«
- »Wie werden die externen und internen Kunden reagieren?«

Fügen Sie jeder konkreten Zielformulierung nun noch einen klaren strategischen Erfolgsfaktor (klar nach der Maxime »messbar«) hinzu.

Ziel	Erfolgsfaktor (und Termin)

Die Weg-Phase

In der Weg-Phase erarbeiten die Vertriebsmitarbeitenden unter Ihrer Anleitung sinnvolle Maßnahmen zur Umsetzung der Ziele. Dabei gilt es Ihr Team oder die Vertriebsmitarbeitenden auch dahingehend zu beraten, dass sie sich nicht übernehmen. Es geht eher darum, kurze »Sprints« anzugehen (ca. sechs bis acht Wochen), in denen eine realistische Umsetzung der ersten Schritte erfolgen kann. Gleichzeitig kann auch eine Strategie (Langer Weg) beschrieben werden. Hier sind dann die Arbeitspakete darzustellen, die zum Beispiel in dem Folgejahr angegangen werden müssen, um zu der Vision langfristig zu gelangen.

In dieser Phase kann es auch Sinn machen, den Vertriebsmitarbeitenden eine Rückmeldung zu geben, z. B.

- eine Bestätigung und Unterstützung für die guten Ideen und Schritte, die nun in die Wege geleitet werden,
- eine kritische Rückmeldung, wenn die Vertriebsmitarbeitenden zu selbstkritisch, zu vorsichtig oder auch überambitioniert an die Strategie herangehen.

Im Anschluss daran können Sie konkrete Handlungsempfehlungen geben, was aus Ihrer Sicht dienlich wäre.

Kommunikation Umfeld und Kunden

Im letzten Schritt im strategischen Sales Coaching geht es darum, mit Ihren Vertriebsmitarbeitenden zu besprechen, wie sie gut mit dem Kunden oder in dem eigenen Umfeld (Geschäftsführung, Mitarbeitende, Kollegen und Kolleginnen) kommunizieren können.

Häufig benötigen Vertriebsmitarbeitende dabei auch eine Beratung, wie sie den Sinn und Hintergrund der Vision den Kollegen, Kollegin, den Stakeholdern und KundInnen mitteilen sollen. Gerade dann, wenn empfindliche Veränderungen mit Maßnahmen verbunden sind, gehört Sales Coaching zur Kommunikation zwingend in diesen Beratungsteil.

Zum Abschluss des strategischen Sales Coachings die Sabotagefrage: Wie werden Sie sich bei der Umsetzung selbst sabotieren?

Die meisten strategischen Entwicklungsprojekte scheitern am Zeitmanagement. Daher ist die Frage zum Abschluss:

Wie werden Sie es schaffen, das Ziel und die nachhaltige Arbeit an der Vision aus dem Auge zu verlieren?

D. h., wann lasse ich mich wieder durch andere, tagesaktuelle Themen ablenken?

Hier gilt es dann, mit den Vertriebsmitarbeitenden direkt geeignete Gegenmaßnahmen zu vereinbaren und neue Termine zur Umsetzungsbegleitung zu vereinbaren.

Zusammenfassung:

Nachfolgend finden Sie eine kurze Übersichtstabelle der Phase der bewussten Kompetenzentwicklung

Phasen	Elemente
Einleitungsphase: Zusammenfassung aus dem Nachgespräch und Erarbeitung des »Teachable Moment«	Überleitende Frage: Woran sollen wir jetzt arbeiten?
Interventionsphase: Unterscheidung der Intervention nach den logischen Ebenen:	Interventionsauswahl als Angebot • Lernangebote auf der Werte-/Glaubenssatzebene – Umdeutung – Ressourcenentwicklung – zirkuläre Fragen – Rollenspiel • Lernangebote auf der Fähigkeiten-/Verhaltensebene – Rollenspiel – Entwickeln von Wissen und Fähigkeiten: Motive einführen, Bedarfsweckung, Fragetraining, Einwandbehandlung, »Small Talk«-Training
Nachhaltigkeitsphase: Auswertung der Intervention und Übertragung in die Praxis, Nachhaltigkeitssicherung	Frage: Was heißt das jetzt für den nächsten Kundentermin?
Strategisches Sales Coaching	Die acht Strategie-Schritte

Teil 6

Die unbewusste Kompetenz –
Controlling und Nachhaltigkeit sichern

»Letztendlich geht es immer um die Menschen und wie man sie professionell bei Ihrer Entwicklung im Vertrieb und Kundenkontakt begleiten kann«. Dieser Satz und die Erkenntnisse aus meiner Qualifizierung als Sales Coach begleiten mich seitdem nachhaltig in meiner Führungstätigkeit! Während meiner Sales-Coach Ausbildung habe ich das professionelle und persönliche Umfeld von ifsm sehr geschätzt, inkl. einem guten Austausch mit den Teilnehmenden aus anderen Branchen!

Thomas Vorreiter
Geschäftsleitung, Bründl Sports

Vertrauen entscheidet, ob Umsetzung gelingt

In der nächsten Phase unserer Lernschleife, der »unbewussten Kompetenz«, geht es darum, die Erfahrungen aus den Interventionen innerhalb des Coachings in die Praxis zu überführen, Ziel ist, dass die Mitarbeitenen die Anregungen bzw. ihre Ziele bewusst umsetzen, bis es zu einem unbewussten Handeln kommt. Denken Sie nur an Ihre ersten Fahrstunden! Wie lange sind wir alle sehr bewusst gefahren – anlassen, in den Spiegel schauen, Kupplung nicht zu schnell kommen lassen, Blinker setzten… – und heute machen wir uns keine Gedanken mehr darüber, wohin der Zündschlüssel gehört und wann und wie wir die Kupplung treten.

Wie kann nun ein Transfer für die weitere Umsetzung erfolgen, wenn Sie nicht dabei sind?

Entscheidend ist, wie konkret Ihre Mitarbeitenden die nächsten Schritte planen. Dabei können Sie folgende Fragen stellen:

- »Was nehmen Sie sich vor?«
- »Wie können Sie das nun in den nächsten Gesprächen umsetzen?«
- »Woran erkennt Ihr Kunde, dass Sie auf dem Weg sind?«
- »Woran merken Sie, dass Sie am Ziel sind?«

Egal, was Ihr Mitarbeitenden sagen, vertrauen Sie ihnen. Haben Sie Vertrauen dass Ihre Mitarbeitenden das, was sie sich nun vornehmen, auch umsetzen! Ihr Vertrauen entscheidet mit darüber, ob sie das Sales Coaching als erfolgreich erachten oder nicht. Vertrauen Sie Ihren Mitarbeitenden nicht, haben Sie Zweifel daran, so werden sie dies spüren und die Glaubwürdigkeit Ihrer Person als Coach bzw. Führungskraft sinkt.

Es kann natürlich sein, dass sich Ihre Mitarbeitenden zu viel Themen und Umsetzungsschritte vornehmen und Sie ihnen lieber raten möchten, weniger umzusetzen. Das können Sie selbstverständlich tun und es macht auch oft Sinn, die Euphorie der positiven Umsetzungsideen in einen realistischen Umsetzungsplan münden zu lassen. Keinesfalls sollten Sie jedoch an der generellen Umsetzungsbereitschaft oder Umsetzungsfähigkeit zweifeln. Denn diese Zweifel übertragen sich sofort.

Vielleicht sagen Sie sich nun: »Aber wenn ich nun mal bei meinen ‚Pappenheimern' nicht mehr an die Umsetzung glaube, was soll ich denn tun? Die Gedanken sind frei und ich lasse sie mir auch nicht durch dieses Buch verbiegen!« Da haben Sie natürlich recht, die Gedanken sind frei – sie sind jedoch auch so frei, dass es Ihnen immer auch möglich sein sollte, die selektive Wahrnehmungsbrille Ihres Zweifelns abzunehmen und die jeweiligen Mitarbeitenden wieder neu zu betrachten. Geben Sie ihm/ihr eine Chance – nur dann kann er/sie sie nutzen!

Die Umsetzungsvereinbarung

Zum Ende des Sales Coachings fragen Sie Ihre Mitarbeitenden: »Was möchten Sie nun in den kommenden Gesprächen verändern/umsetzen?«

Die Mitarbeitenden können nun im Dialog mit Ihnen Ziele vereinbaren, die einen...

- **persönlichen Schwerpunkt** haben (Bsp.: »Ich habe heute erfahren, wie ich gelassener den Einstieg gestalten kann und wie sich das positiv auf die Beziehung zu meinen Kunden auswirkt«) oder einen

- **methodischen Schwerpunkt** haben (Bsp.: »Gerade die hypothetischen Fragen haben mich beeindruckt und die Wirkung war im zweiten Live-Gespräch phänomenal, ich werde das jetzt häufig anwenden.«) oder einen

- **Wahrnehmungsschwerpunkt** haben (Bsp.: »Ich werde erstmal nichts verändern, aber ab sofort auf die Motive des Kunden achten...«)

Diese Ziele können nun mit Hilfe der »SMART-Formel« präzisiert werden. Wichtig ist, dass Sie am Ende des Dialogs ein Ziel vereinbart haben, welches die Mitarbeitenden selbst gut kontrollieren können und welches für sie auch in absehbarer Zeit erreichbar ist.

Was heißt nun SMART?

Specific,
Measurable,
Achievable,
Relevant and
Timely.

Das ist die englische Version der berühmten SMART-Formel. In Deutschland wird dazu meist die Übersetzung: »Spezifisch, Messbar, Attraktiv, Realistisch und Terminierbar« verwandt. In der Praxis kann das wie folgt aussehen:

Spezifisch bedeutet, dass ein Ziel eindeutig, präzise, und in der Gegenwartsform formuliert ist. Falls die Mitarbeitenden nach dem Coaching ein sehr weitläufiges und großes Ziel anvisieren, zeigt sich hier die Notwendigkeit einer Unterteilung in kleinere, spezifischere »Unterziele«.

Ein Beispiel hierzu wäre: »Ich werde bei allen Gesprächen nun die Bedarfsanalyse perfekt auf den Kunden abgestimmt durchführen…« Hier zeigt sich keine Spezifikation, da die Zielformulierung viel zu allgemein bzw. generalistisch formuliert wurde.

»Ich werde in der Bedarfsanalyse nicht mehr so viel reden und verwende das ISPANA-Modell. Dabei konzentriere ich mich bei den nächsten fünf Gesprächen auf die Phasen I und S.« Das wäre ein Beispiel für ein spezifisches, konkretes, quantitatives Ziel. Auch, wenn das Ziel noch nicht ganz so positiv formuliert wurde (siehe später), so ist es spezifisch und messbar formuliert.

Mit dem Wörtchen »werde« in der ersten Formulierung ist das Ziel noch sehr weit weg, in der fernen Zukunft. Bitten Sie Ihre Mitarbeitenden ihr Ziel einmal in der Gegenwartsform zu formulieren. Zum Beispiel: »Ich analysiere in der Bedarfsanalyse mittels ISPANA. Ich fokussiere in den nächsten fünf Kundengesprächen auf die Phasen I und S.«

Ziele, die in der Gegenwart formuliert sind, unterstützen unser Gehirn dabei, sich das Ziel schon vorzustellen. Es wird gedacht, erstrebt, verwirklicht, nicht in einer irgendwann gelagerten Zukunft, sondern in einem Jetzt. Das eigene Empfinden und Erleben werden so viel stärker eingebunden.

Messbar steht für Überprüfbarkeit, ob das Ziel erreicht wurde. Dazu müssen Sie es überprüfen **können!** Deshalb ist das präzise Formulieren in messbaren Kategorien wichtig. Nur so können Sie und Ihre Mitarbeitenden selbst später beurteilen, ob ein Ziel ganz, teilweise oder gar nicht erreicht wurde.

In der »Sales Coaching«-Praxis werden Sie jedoch häufig erleben, dass es leichter ist, bei quantitativen Zielen konkret zu formulieren, als bei qualitativen Zielen. Wie wollen Sie zum Beispiel eine Spezifikation des Redeanteils wirklich konkret messen? Dennoch kann die Formulierung einer Zahl besser sein, als nur zu sagen: »Ich reduziere den Redeanteil erheblich.« Denn die Frage nach dem nächsten Sales Coaching on the Job könnte dann sein: »Was heißt erheblich?« Bei einer Zahl von 20 % kann man dies schon eher reflektieren, auch wenn eine Abmessung mit Stoppuhr oder »Wörter zählen« völlig unangebracht wären.

Es macht durchaus Sinn, auch bei Coaching-Zielen mit Zahlen zu arbeiten. Beispiele:

»Ich achte in den nächsten fünf Gesprächen ganz bewusst auf die Kaufmotive meiner Kundinnen und Kunden und schreibe mir danach fünf Kaufmotive im Protokoll auf.«

»Ich beobachte in den nächsten fünf Gesprächen meine Gelassenheit und protokolliere nach jedem dieser Gespräche, wie ich mich in welcher Phase gefühlt habe.«

»Ich stelle bei den Kunden in der kommenden Woche jedes Mal mindestens eine hypothetische Frage und zeichne mir einen Smiley für jede gestellte Frage auf meinen Gesprächsprotokollbogen«.

Hier ist schon bei der Zielfestlegung auf die Kriterien zu achten, an denen sich die Mitarbeitenden selbst bzw. Sie sie messen möchten. Hier können Feedbacks (etwa als telefonische Reflexionscoachings) helfen, die regelmäßig eingeholt werden, um auch ein weicheres Ziel zu evaluieren.

Attraktiv bedeutet, dass ein Ziel positiv formuliert wird und dass es erstrebenswert ist. Schon die positive Formulierung allein erhöht gemeinhin die Attraktivität. Erstens, weil das Wort NICHT stets eher negativ die Vermeidung von Aktivität intendiert, und zweitens, weil negative Ziele mental weniger stark und weniger erstrebenswert abgespeichert werden. Drittens rufen wir in uns ein positives Bild hervor, das wir erstreben. Fixieren wir uns stattdessen auf ein negatives Bild, das wir vermeiden wollen, haben wir diesem damit schon in unserer Vorstellung Raum gegeben.

Es ist für uns schöner, wenn wir erfahren, dass wir besser geworden sind, nicht nur »weniger schlecht«! Deshalb sollte das o. g. Ziel umformuliert werden:

Unattraktiv	Attraktiv
»Ich nehme mich in den nächsten zehn Kundengesprächen zurück und reduziere meinen Gesprächsanteil auf 20 %.«	»Ich höre in den nächsten zehn Kundengesprächen den Kunden zu und erhöhe den Redeanteil des Kunden auf 80 %. Ich stelle dabei Fragen. Im Zuhören konzentriere ich mich auf ...«

Realistisch ist ein Ziel dann, wenn es auch erreichbar ist. Forderungen, auch hohe Anforderungen, sind im Sales Coaching sinnvoll, sofern Sie Ihren Mitarbeitenden dies zutrauen. Eine Überforderung sollten Sie jedoch vermeiden, denn diese erzeugt bestenfalls Stress und Frust. Wenn viel verändert werden muss, teilen Sie das große Ganze in kleine, schneller erreichbare Häppchen.

In Michael Endes Buch »Momo« ist es die Weisheit des Straßenkehrers Beppo, sich nicht die ganze Straße auf einmal vorzustellen, ein gutes Beispiel dafür:

»Manchmal hat man eine sehr lange Straße vor sich. Man denkt, die ist so schrecklich lang; das kann man niemals schaffen, denkt man.

...Und dann fängt man an, sich zu eilen. Und man eilt sich immer mehr. Jedes Mal, wenn man aufblickt, sieht man, dass es gar nicht weniger wird, was noch vor einem liegt. Und man strengt sich noch mehr an, man kriegt es mit der Angst, und zum Schluss ist man ganz außer Puste und kann nicht mehr. Und die Straße liegt immer noch vor einem. So darf man es nicht machen. ... Man darf nie an die ganze Straße auf einmal denken, verstehst du? Man muss nur an den nächsten Schritt denken, an den nächsten Atemzug, an den nächsten Besenstrich. Und immer wieder nur an den nächsten. ...Dann macht es Freude; das ist wichtig, dann macht man seine Sache gut. Und so soll es sein. ... Auf einmal merkt man, dass man Schritt für Schritt die ganze Straße gemacht hat. Man hat gar nicht gemerkt wie, und man ist nicht außer Puste. ... Das ist wichtig.«.

Terminierbar ist das Ziel, wenn Sie ihm einen zeitlichen Rahmen gegeben haben. Nicht irgendwann, sondern in den nächsten Tagen oder in der kommenden Woche, sollte die Umsetzung erfolgt sein. Coachingimpulse haben manchmal eine kurze Wirkungszeit und rufen nach direktem Vollzug.

Ohne diesen Rahmen schweben die guten Vorsätze haltlos durch den Raum. »Irgendwann wird es schon besser werden!« – das ist bestenfalls eine Parole zum Durchhalten in großer Not oder eben auch nur die bequeme Ausrede für die faule Haut.

Diese Regeln sind für die Zielformulierung sinnvoll und sicher besser, als hehre, aber weiche Ziele.

Wenn Sie die SMART-Umsetzungsziele formuliert haben, gilt es die Selbstbeobachtung zur Umsetzung zu stärken. Dies können Sie mit folgender Frage erreichen: »Woran merken Sie, dass Sie Erfolg haben?«

Diese Frage zielt darauf ab, dass sich Ihre Mitarbeitenden mit der positiven Umsetzung des Ziels befassen.

Weitere Fragen können sein:
»Wie ist es, wenn Sie das Ziel umgesetzt haben? – Was ist anders?«
»Wie reagiert Ihr Kunde/Ihre Kundin?«
»Wie fühlen Sie sich, wenn Sie am Ziel sind?«

»Wie hat sich Ihre Zielerreichung auf die Beziehung zwischen Ihnen und den Kunden ausgewirkt?«

Die Ergebnisse dieses Dialoges sollten ebenfalls in einen Ziel-Ergebnisbogen eingetragen werden.

Eine weitere spannende Frage ist:
»Was muss passieren, damit Sie bei der Umsetzung scheitern?«

Vielleicht denken Sie, was für eine selten dumme Frage. Aber ist es nicht gut, sich bereits am Anfang vorzustellen, was alles passieren könnte, es geht letztendlich um eine Verhaltensänderung, die es erfordert, aus alten Gewohnheiten auszusteigen.

Gerade weil wir jedoch in der Praxis gerne gemeinsam den bequemen Weg gehen, scheint es aus unserer Sicht sehr sinnvoll, diese »Selbst-Sabotage-Effekte« bereits in dieser Phase des Sales Coachings vorwegzunehmen und hier Gegenmaßnahmen einzuleiten.

Praxisbeispiel:

Führungskraft: »Jetzt habe ich noch eine ungewöhnliche Frage: Was muss passieren, damit Sie bei der Umsetzung dieses Ziels scheitern?«

Mitarbeitende Person: »Keine Ahnung, lassen Sie mich mal überlegen, ja – wenn ich es wieder vergesse!«

Führungskraft: »Was muss denn passieren, damit sie es wieder vergessen?«

Mitarbeitende Person: »Na ja, der Alltag wird mich schnell wieder einholen und dann ist unser Gespräch weit weg und das Ziel auch.«

Führungskraft: »Wie könnten Sie sich denn das Ziel immer wieder in Erinnerung rufen?«

Mitarbeitende Person: »Ich habe ja immer Merkzettel auf meiner Akquisitionsmappe, die ich für die Kunden vorbereite. Da muss ich jetzt nochmals mein Ziel drauf schreiben, dann vergesse ich das bei den Gesprächen nicht.«

Führungskraft: »Gute Idee, zusätzlich könnten Sie noch nach dem Gespräch hier diesen Reflexionszettel ausfüllen. Hier notieren Sie, ob es Ihnen gelungen ist, das Ziel umzusetzen. Dann haben wir auch eine gute Grundlage für unser nächstes Gespräch, wenn wir über die Umsetzung sprechen.«

Sie sehen, auch im Sales Coaching gibt es einen Risiko-Management-Anteil, der die Umsetzung der Coachingergebnisse wesentlich absichern kann.

Der Stressfaktor Kontrolle

Wir sind der Überzeugung, dass verhaltensorientiertes Lernen eher mit einer gewissen Leichtigkeit erfolgt, als in einem Umfeld von Leistungsdruck. Kontrolle ist wichtig, aber sie soll keinen Stress auslösen. D. h. der wöchentliche Anruf mit dem einleitenden Satz:

»Und, haben Sie schon die Lernergebnisse umgesetzt…?«, ist sicher nicht hilfreich!

Zunächst einmal empfehlen wir für eine effektive Kontrolle verschiedene Maßnahmen:

Selbstkontrolle

Die Mitarbeitenden sollten eine Möglichkeit bekommen, die Gespräche selbst zu kontrollieren und die Ergebnisse der Umsetzung einzutragen, damit diese beim kommenden Coachinggespräch besprochen werden können. Dies kann durch eine sogenannte Beobachtungskarte erfolgen, die wie folgt aufgebaut ist:

Beoabachtungskarte für: ________________________________

Selbstbeobachtungszeit von: ____________________ bis ____________________

Mein SMARTes-Umsetzungsziel:

____

____

Woran merkt meine Umwelt (Kund/innen, Kolleg/innen, Chef/in), dass ich auf dem Weg zum Ziel bin:

____

____

Was ist meine Sabotagestrategie – und wie sorge ich dafür, dass ich am Ball bleibe?

____

____

Datum des Kunden-gesprächs	Kundin/ Kunde	Beschreibung einer Situation aus dem Gespräch, die besprochen werden sollte	Zufriedenheit mit der Umsetzung ☺ ☹	Sonstiges

In dieser Liste können die Mitarbeitenden konkrete Selbstbeobachtungs-Ergebnisse zu den Gesprächen eintragen und zum kommenden Coachingtermin mitbringen oder in einem vereinbarten Telefonat mit Ihnen reflektieren.

Coachkontrolle

Natürlich macht es Sinn, beim kommenden Gespräch Kontrollfragen zu stellen. Fokussieren Sie jedoch nicht nur auf die Umsetzungsziele. Fragen Sie Ihre Mitarbeitenden nach ihren Erfolgen. Lassen Sie sie darüber berichten, was ihnen leichtgefallen ist. Wenn ein/e Mitarbeiter/in zum Beispiel sagt: »Ich konnte es noch gar nicht umsetzen…« – macht es im Sinne eines positiven Lernens keinen Sinn zu sagen: »Wie konnte denn das passieren…«. Damit fordern Sie Ihre Mitarbeitenden nur zur Rechtfertigung auf und belasten somit nachhaltig die Beziehung. Viel besser ist es, hier zu fragen: »Was haben Sie stattdessen umgesetzt?«, »Was ist Ihnen gut gelungen?«, »Was war aus Ihrer Sicht wichtiger, dass Sie es noch nicht umsetzen wollten?«. Damit forschen Sie weiter nach Gründen im »System Ihrer Mitarbeitenden«, die auf den »logischen Ebenen« vielleicht noch für Umsetzungsblockaden sorgen. Das Scheitern in der Umsetzung könnte die eigentliche Ressource der Mitarbeitenden sein! Die Haltung in der Kontrolle ist also nicht:

Meine Mitarbeitenden haben mal wieder versagt!

sondern

Die Impulse im Coaching haben eine Wirkung entfaltet, die noch nicht ganz dem gewünschten Ziel entsprechen!

Kundenkontrolle

Eine weitere Möglichkeit der effektiven Kontrolle über Umsetzungserfolge ist, die Kontrolle durch die Kunden. Dies können Sie erreichen, indem Sie Ihre Mitarbeitenden in der Zielvereinbarung auffordern, sich aktiv Feedback der jeweiligen Kunden einzuholen. Einige Unternehmen arbeiten hier aber auch mit

- Mystery Shopping oder
- Shadowing.

Beide Systeme lösen automatisch Stress aus. Denn hier kommt es zu einer klaren Bewertung durch den Kunden bzw. einem Scheinkunden. Dennoch können diese Systeme, wenn Sie denn von Organisationen eingeführt werden, nachhaltig gute Ergebnisse erzielen. Aus unserer Sicht kann dies eine gute Lernunterstützung sein, wenn solche Systeme:

- mit völliger Transparenz gegenüber den Mitarbeitenden durchgeführt werden und
- die Auswertungen direkt und unmittelbar den Mitarbeitenden zurückgemeldet und
- diese Überprüfungen keine unmittelbare Auswirkung auf Gehalts- bzw. Anstellungsverhältnisse haben, sondern zum Lernen genutzt werden.

Wir bevorzugen die Methodik des Shadowing! Bei dieser Methode treten die Kunden als Feedback-Geber auf, die in einem offenen Prozess die Beratung Ihrer Mitarbeitenden bewerten. So können zum Beispiel, auf Basis bestehender Kundentermine, die Kunden angerufen werden, um sie für das Shadowing zu gewinnen. Das Shadowing sollte hierbei von einer zentralen Stelle oder einem externen Coach begleitet werden. Die Kunden werden vor dem Termin nach ihren Erwartungen gefragt und nach dem Kundentermin geben die Kunden kriterienorientiertes Feedback.

Ihre Mitarbeitenden wissen, dass die Kunden nach dem Termin ihre Bewertungen abgeben. Diese Offenheit ist bewusst gewählt, da so im Vergleich zum Mystery Shopping der Angst- und Stressfaktor reduziert wird.

Diese Form der Evaluation hat oft den Effekt, dass sich die Mitarbeitenden, aber auch einige Kunden, viel bewusster mit den Kriterien des besprochenen Beratungsprozesses auseinandersetzen, was wiederum eine nachhaltige Umsetzung sicherstellt.

Nach dem Termin werden die Kunden nach Kriterien des Beratungsprozesses befragt. Das Ergebnis erhalten der Mitarbeiter/die Mitarbeiterin und Sie als Führungskraft in der Rolle als Sales Coach vor Ort. Die Kunden erhalten im Anschluss ein kleines Geschenk für ihr Feedback. Weitere Vorteile dieser Methode sind eine erhöhte Kundenbindung und ein Einblick auf die geänderten Erwartungen der Kunden an ein Verkaufsgespräch. Vielleicht zeichnet sich dadurch schon ein neuer Trend ab, den Sie damit sehr früh erkennen.

Mit diesen Methoden können Sie die Sicherung der Umsetzungsziele erreichen und das Sales Coaching mit den Worten an Ihre Mitarbeitenden abschließen:

»Vielen Dank für dieses Sales Coaching und Ihr Vertrauen heute. Ich wünsche Ihnen viel Erfolg bei der Umsetzung und freue mich auf unseren nächsten Termin!«

Ergänzende Zusammenfassung:

Nachfolgend finden Sie eine Übersichtstabelle über die letzte Phase unseres Lernmodells. Hierbei geht es um die Lernerfolgssicherung:

Elemente	**Coaching-Elemente**
Haltung des Coaches	• Vertrauen ist der Anfang des Umsetzungserfolges
Das Lernziel formulieren	• SMARTe Ziele formulieren • Konkrete Umsetzungsschritte planen und im Vorhinein überlegen, ob und wie die Umsetzung scheitern könnte • Sicherungsmaßnahmen
Kontrollschritte	• Die Möglichkeiten einer aktiven Selbstkontrolle planen und unterstützen • Kontroll- und Feedbackpunkte mit dem Coach planen
Haltung des Coaches bei der Kontrolle	• Es geht um den Prozess und das Lernen – nicht um Ergebnisse! • Als Coach sehe ich »Scheitern« als Bestandteil des erfolgreichen Lernens und bewerte dies nicht als Misserfolg.

Teil 7

Teamworkshops im Vertrieb und Sales Coaching im digitalen Zeitalter

Sales Coaching ist ein nicht mehr wegzudenkender Bestandteil meiner Arbeit geworden. Für mich ist das Bewusstsein über die Bedeutung meiner Aufgabe als Führungskraft deutlicher geworden. Die Anwendung der gelernten Tools wirkt sich sehr positiv auf die Beziehung zu meinen Mitarbeitenden aus. Die Mitarbeitenden fühlen eine größere Wertschätzung ihrer Arbeit, da ich in Gesprächen zielgerichteter und effektiver (nach)fragen kann und die Fähigkeit der Mitarbeitenden, eigene Lösungen zu finden, dadurch stark angestiegen ist. Durch die Umstrukturierung meiner Teambesprechungen ist der Zusammenhalt enger, die Zusammenarbeit zwischen den Mitarbeitenden qualitativer und die Kommunikation untereinander sehr viel besser geworden.

Birgit Grigg-Lang, Führungskraft im Vertriebsaußendienst einer Versicherung

Workshops mit dem Vertriebsteam durchführen

In diesem Teil des Buches möchten wir einige Hinweise geben, wie Sie mit der Sales Coaching-Haltung auch effektivere Vertriebsworkshops mit dem Vertriebsteam durchführen können. Wir ergänzen in diesem Teil des Buches die Erkenntnisse aus dem zweiten Teil an (Einführung von Sales Coaching im Team). Hier ging es um die verschiedenen Interaktionsschemata und schaffen einen Ausblick für das Thema »Sales Coaching im digitalen Zeitalter«.

Für das Teamcoaching bietet sich ebenfalls die bereits erklärte Methodik der ergebnisorientierten Moderation an. D. h. auch hier fungieren Sie auf der einen Seite als:

- Führungskraft und Entscheider/in und auf der anderen Seite als
- Moderator/in und Begleiter/in des Lösungsprozesses.

Es geht um zwei wesentliche Aspekte, die die Basis für effektive Workshops bilden:

- **Struktur:** Das Team braucht eine verlässliche und nachvollziehbare Struktur. Am besten gibt die Gruppe sich die Struktur selbst und Sie verhelfen der Gruppe durch entsprechende Moderation dazu, eine passende Struktur zu finden. Als Moderator/in verfolgen Sie eine Ausrichtung, beachten gruppendynamische Prozesse und setzen Rahmen und Methoden entsprechend ein.

- **Vertrauen und Kontakt:** Zudem benötigt das Team eine vertrauensvolle Bindung zur Führungskraft, um synergetische Leistungen zu erarbeiten. Vor dem Hintergrund der bereits erklärten Teampartitur (siehe Teil 2) und dem Moderationszyklus schaffen Sie Strukturen für eine effektive Workshopsteuerung.

Vor einem Workshop

Vor einem Workshop geht es darum, die Situation des Teams zu analysieren. Bereiten Sie Ihr Meeting auf Basis der nachfolgenden Fragen vor:

- Welche Inhalte sind wichtig?
- Warum sind diese Inhalte für meine Mitarbeitenden wichtig?
- Welche Informationen möchte ich von den Mitarbeitenden?
- Welche Ergebnisse/Ziele verfolge ich mit dem Meetingpoint?
- Wie kann ich Inhalte, Informationen und Ergebnisse verständlich visualisieren?
- Wie plane ich die Interaktion mit meinem Team?
- Wieviel Raum braucht der Dialog in der Gruppe?
- Wie sorge ich dafür, dass auch die Stilleren zu Wort kommen und gehört werden?

Führungskraft versus Prozessbegleiter

Es gibt unterschiedliche Rollen, mit denen Sie Gruppen im Workshop begegnen können. Die eine ist Ihre Rolle als Führungskraft und Entscheider/-in oder auch fachliche/r Expert/-in. Eine weitere Rolle, die wir uns hier insbesondere vor dem Hintergrund der Moderation des Vertriebsworkshops anschauen, ist die der begleitenden Moderation oder Coaches. Es macht vor dem Hintergrund der Teampartitur häufiger Sinn diese Rollen zu wechseln. Je nachdem, ob es für Sie wichtig ist, die Synergie im Vertriebsteam zu fördern, das Commitment zu stärken oder eben eine Entscheidung herbeizuführen und zügig zum Schluss zu kommen.

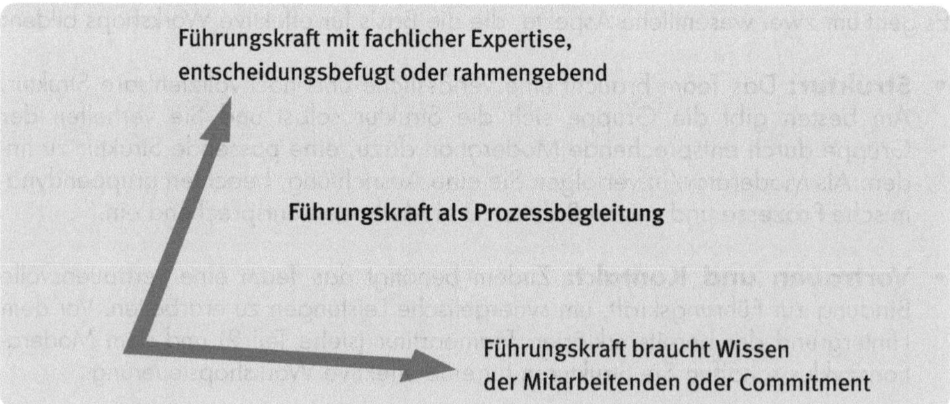

<table>
<tr><th>Führungskraft
im Workshop leitet
aufgabenorientiert</th><th>Führungskraft
im Workshop begleitet
durch Moderationscoaching</th></tr>
<tr><td>1. Problemlösung
• Ich selbst habe die Expertise.
• Ich kenne das Problem.
• Ich leite die Analyse: Wodurch kam es zu dem Problem?
• Ich kann Ideen und Lösungen vorstellen.

Expertenbeurteilung und Datensammlung</td><td>1. Problemlösung
• Die Gruppe ist geeignet, das Problem zu beschreiben.
• Die Gruppe kann erkennen, wie das Problem entstanden ist.
• Die Gruppe schlägt Lösungswege vor.
• Ich halte mich mit Ratschlägen zurück.
• Ich fördere die Ressourcen und Stärken aller (auch der stilleren) Mitarbeitenden.
• Ich frage nicht »warum« – sondern sorge am Ende für die Konkretisierung: »Wie/was/wann/wer?!«
• Ich unterstütze die Gruppe bei der Problemlösung und freue mich mit ihr über neue, kreative Ideen.</td></tr>
<tr><td>2. Beziehung zum Mitarbeitenden
• Ich versuche, den Lösungsweg vorzugeben und will überzeugen.
• Es geht mir um Sachorientierung.
• Die Mitarbeitenden sind Empfänger meiner Ideen. Eine Ressourcenentwicklung findet nicht statt.</td><td>2. Beziehung zum Mitarbeitenden
• Ich gebe Unterstützung, damit die Mitarbeitenden ihr Problem selber lösen können.
• Ich steuere den Prozess, lasse aber allen Raum.
• Die Mitarbeitenden können ihre Fähigkeiten einsetzen und entwickeln.
• Ich achte auf die Interaktion, sorge für Fairness.
• Die Lösung kann die Lösung aller sein und fußt dann auf breitem Einverständnis.</td></tr>
</table>

3. Haltung • Die Mitarbeitenden brauchen meine Expertise. • Die Mitarbeitenden erwarten eine Lösung von mir.	**3. Haltung** • Die Mitarbeitenden kennen die Lösung. • Die Mitarbeitenden müssen die Lösung auch umsetzen – und sollten sie dann auch besser selbst erarbeiten.
4. Eingesetzte Methoden • Ich versuche, möglichst schnell eine Lösung anzubieten. • Ich lasse Klärungsfragen zu. • Ich argumentiere begründend, logisch, schlüssig. • Ich bin die qualifizierte Person und präsentiere das Ergebnis.	**4. Eingesetzte Methoden** • Ich nutze Moderationsmethoden, die den Lösungsprozess begleiten. • Die Grundlage sind offene Fragestellungen. • Ich ermutige die Mitarbeitenden, das Problem zu erkennen, zu analysieren und einen Lösungsweg zu finden. • Alle Mitarbeitenden haben Teil an der Lösung des Problems.
5. Aktivität • Der Experte ist aktiv und übernimmt die Verantwortung für die Lösung.	**5. Aktivität** • Die Teilnehmenden sind aktiv und die begleitendende Person überlässt die Verantwortung für die Lösung den Teilnehmenden.

In vielen Vertriebsworkshops ist eine Mischform der Interaktion möglich. Je nach Haltung können Sie wechseln zwischen leitungungszentrierter Interaktion (bei aufgabenorientierter Führung) oder ergebnisorientierter Moderation (wenn die Beziehung und die Lösungsfindung durch die Mitarbeitenden wichtig ist).

Es gibt viele Anlässe, wo wir uns einen Vertriebsworkshop nach ergebnisorientierter Moderation vorstellen können. Zum Beispiel:

- Review-Meeting im Vertrieb – Reflexion der Vertriebsergebnisse und Neuausrichtung
- Neue Vertriebsaktionen planen
- Einführung eines neuen Produktes – wie »bringen wir es auf die Straße?«
- Prozessoptimierung im Vertriebsvorgehen
- Neukundengewinnung – Strategieworkshop
- etc.

Alle hier genannten Themen sind nur nach dieser Form zu moderieren, da diese Herausforderungen von den Mitarbeitenden selbst gelöst werden müssen. Also müssen sie auch Teil des Problems werden, sprich, Sie dürfen die Mitarbeitenden zur Lösungsentwicklung einladen.

Wir werden im folgenden Text nun ein Workshopbeispiel anhand des sogenannten Moderationszyklus darstellen. Hierbei stellen wir ein Vertriebsworkshopthema vor, das in jedem Fall zum Repertoire einer »Sales Coach«-Führungskraft gehört.

Review-Meeting im Vertrieb – der Moderationszyklus

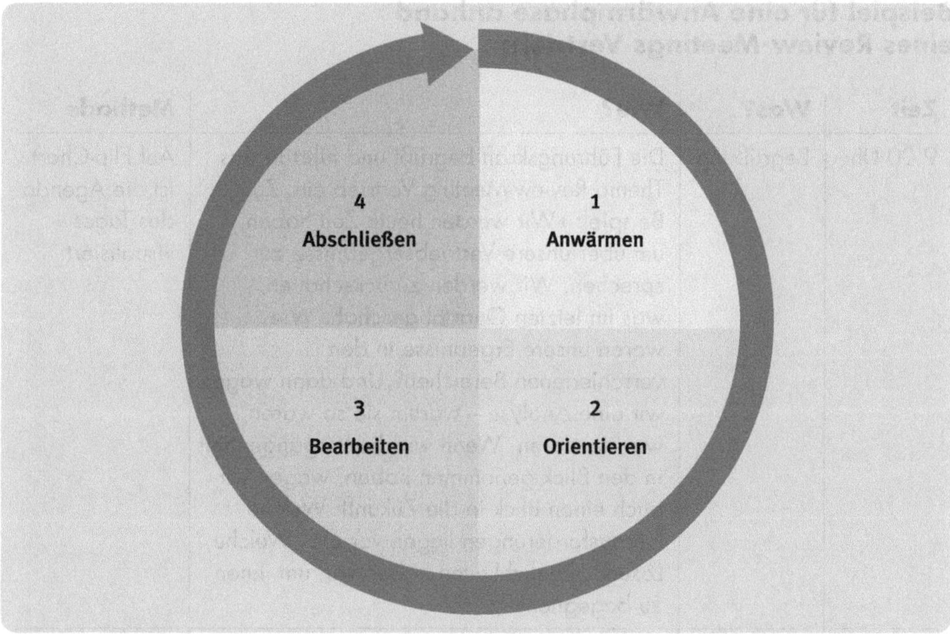

In Vertriebsworkshops und für das Teamcoaching kann die ergebniszentrierte Interaktion in mehreren Phasen immer wieder angewandt werden. Wir sprechen vom Moderationszyklus, der sich in die o. g. vier Phasen aufteilt.

Phase 1: Anwärmen

In dieser Phase geht es darum, die Vertriebsmitarbeitenden abzuholen, wo sie gerade stehen. Es ist wichtig, dass Sie in dieser Phase eine positiv-konstruktive Arbeitsatmosphäre für den Vertriebsworkshop schaffen. Unterstützen Sie die Orientierung Ihrer Mitarbeitenden von Beginn an gezielt durch Visualisierung. Dies kann zum Beispiel durch ein Flip-Chart erfolgen, auf dem Anlass und Ziel des Treffens für alle sichtbar angeschrieben sind. Darüber hinaus sollten zumindest folgende Punkte

- der Zeitplan
- die Arbeitsweise bzw. Agenda und
- die Protokollfrage (bei Bedarf)

besprochen werden.

Danach stellt sich die Frage, wie Sie die Mitarbeitenden »mit ins Boot holen«. Damit alle einchecken können, bedarf es einer guten Planung der Einstiegsfragen (siehe Teampartitur Teil 2).

Beispiel für eine Anwärmphase anhand eines Review-Meetings Vertrieb:

Zeit	Was?	Wie?	Methode
9.00 Uhr	Begrüßung	Die Führungskraft begrüßt und führt in das Thema Review-Meeting Vertrieb ein. Zum Beispiel: »Wir werden heute Zeit haben, um über unsere Vertriebsergebnisse zu sprechen. Wir werden zurückschauen, was im letzten Quartal geschah. Wie waren unsere Ergebnisse in den verschiedenen Bereichen? Und dann wagen wir eine Analyse – warum sie so waren, wie sie waren. Wenn wir die Vergangenheit in den Blick genommen haben, wagen wir auch einen Blick in die Zukunft: Welche Herausforderungen liegen vor uns. Welche Lösungsmöglichkeiten haben wir, um ihnen zu begegnen?	Auf Flip-Chart ist die Agenda des Tages visualisiert.
9.15 Uhr	Vorstellung der Ergebnisse	Sie, oder auch wahlweise einer der Mitarbeitenden, stellen die Ergebnisse vor.	Grafiken – möglichst in einfacher Form dargestellt
9.25 Uhr	Runde	Wie stehen Sie zu diesem Ergebnis? Wo sehen Sie unsere Hauptprobleme? Führungskraft führt eine Anfangsrunde ein (siehe Teampartitur).	Fragen sind visualisiert am Flip-Chart

Weitere Methoden zum Anfang:

Lassen Sie Ihr Team nach der Vorstellung der **Ergebnisse** die Anfangsbewertung in einer Aufstellung im Raum visualisieren. Das können Sie mit einer Skalenabfrage auf dem Boden tun – eine wunderbare Methode im Teamcoaching:

- **Aktionsforschung mit Aufstellung im Raum:**
  Wie beurteilen Sie unsere derzeitigen Vertriebsleistungen und -aktivitäten in Bezug auf die prognostizierte Zukunft auf einer Skala von 1 bis 10 (1 = ganz schlecht, 5 = mittelmäßig, 10 = top)?

  Die Mitarbeitenden sollen sich im Raum auf der Skala aufstellen – danach befragen Sie Ihre Mitarbeitenden zu deren Meinung. Ganz nach dem Motto »was macht es aus, dass Sie auf X stehen?« Jetzt dürfen Sie hinterfragen, um in die Erfahrungswelt Ihrer Mitarbeitenden einzusteigen. Sie könnten dann fragen: »Und was müssen wir und Sie tun, damit Sie auf der Skala einen Wert weiter nach rechts kommen?«

  Achten Sie darauf, dass Sie die Meinungen nicht werten. Auch dann nicht, wenn jemand der Mitarbeitenden sagt: »Ich finde das Ergebnis top, weil zurzeit einfach nicht mehr drin ist«.

Eine andere Möglichkeit ist es, den Anfang zunächst mit einer Paardiskussion zu beginnen. Auch diese Form wird eingeleitet nach der Vorstellung der Vertriebsergebnisse:

- **Paardiskussion:**
  Sagen Sie zu Beginn: »Unser Thema ist: ›Wo stehen wir auf unserem Weg in die Zukunft?‹. Bitte gehen Sie mit Ihrem Nachbarn oder Ihrer Nachbarin zusammen und besprechen Sie nun folgende Punkte:
  - Wie sehen Sie das Ergebnis?
  - Wo sehen Sie Probleme?
  - Auf welchen Teil dieser Probleme haben wir mit unserem Handeln Einfluss?«

  Die Antworten werden auf Karten geschrieben und jedes Paar präsentiert seine Ergebnisse. Gut wäre, die Anzahl der Karten pro Paar zu beschränken, zum Beispiel: »Finden Sie die drei Hauptprobleme, die wir aus eigener Kraft angehen können!«

Bei dieser Variante bekommen Sie i. d. R. als Ergebnis der Paardiskussionen direkt die Hauptprobleme aus Sicht des Teams präsentiert. Das klingt sehr effizient, macht aber aus unserer Sicht nur dann Sinn, wenn Sie davon ausgehen, dass das Team schon gemeinsam denkt, dass dieses Vertriebsergebnis nicht gut ist, d. h. eine gemeinsame Betroffenheit besteht. Wenn es hier jedoch noch aus Ihrer Sicht verschiedene Bewertungen gibt, wählen Sie die Variante »Aktionsforschung« oder »klassische Runde« mit Einstiegsfragen.

Phase 2: Orientieren

Die zweite Phase hat nun zum Ziel, das Thema differenziert zu bearbeiten. So macht es in unserem Beispiel-Workshop Sinn, die in der Anfangsrunde aufgeworfenen Themen nacheinander anzusprechen, um anschließend fokussiert nach Lösungen zu suchen.

Während in der Anwärmphase die Komplexität häufig erhöht wird, weil jede/r einzelne eine andere Perspektive einbringt, geht es nun in der Moderation darum, diese Komplexität zu reduzieren und auf Wesentliches zu konzentrieren. Diese Phase dient dazu:

- die Hauptprobleme oder die Hauptziele zu erarbeiten
- Chancen zu bewerten und auszuwerten

Wichtig ist, dass in dieser Phase Ihr Vertriebsteam ein Commitment für eine **gemeinsame Problemsicht** entwickelt. Ein Team, welches in der Bewertung der Herausforderungen ein Commitment entwickelt, schafft es viel leichter, auch in der Entscheidung über einen Lösungsweg ein Commitment zu erreichen.

Manchmal ist es hier notwendig, dass Sie Ihr Team daran hindern, hier bereits über Lösungen zu diskutieren. Meist sind die Lösungen, die in dieser Phase in den Raum geworfen werden, noch »zu kurz gesprungen« und nicht konsensfähig.

Beispiel für eine Orientierungsphase im Review-Meeting:

Zeit	Was?	Wie?	Methode
9.45 Uhr	Zusammenfassung	Die Führungskraft fasst die Meinungen aus der Einstiegsrunde zusammen: »Ich höre, dass Sie die Ergebnisse, die wir erzielt haben, recht unterschiedlich werten. Was die einen als enttäuschend beschreiben, finden andere noch ganz okay. Auch ich bin mit den Ergebnissen des letzten Jahres nicht zufrieden. Wir sollten einmal in Ruhe hinsehen, um zu erkennen, warum es so gekommen ist.«	Zusammenfassung und Überleitung auf den folgenden Flip
9.55 Uhr	Kleingruppenarbeit anmoderieren	Bitte teilen Sie sich in Kleingruppen zu drei Personen auf und bearbeiten Sie folgende Fragen: Gruppe A: Welche Chancen sehen Sie, die wir auf dem Weg in die Zukunft noch zu wenig nutzen? Gruppe B: Welche Risiken machen es uns zurzeit auf dem Markt schwer? Gruppe C: Welche Stärken haben wir im Vertriebsteam? Welche nutzen wir schon, welche können wir noch ausbauen und besser nutzen? Gruppe D: Welche Schwächen haben wir in unserem Vertriebsteam? Wo sollten wir uns korrigieren?	Vier Gruppen einteilen und Aufträge am Flip-Chart visualisieren und verteilen Jeweils max. sechs Karten – sich also auf das Wesentliche fokussieren
10.25 Uhr	Präsentation der Ergebnisse	Sie als Führungskraft moderieren die Gruppenpräsentationen an. Die Gruppen präsentieren die Ergebnisse, alle anderen können dazu ergänzend und bewertend Stellung nehmen. Sollte in Ihren Augen Entscheidendes fehlen, ergänzen auch Sie entsprechend. Am Ende sollten die wesentlichen Themen definiert werden.	Präsentation an einer Pinnwand

Weitere Methoden in der Orientierungsphase:

Problem- oder Zielanalyse in der Lawinenstruktur

Lassen Sie sich zunächst von jedem Mitarbeitenden in Einzelarbeit auflisten, was in seinen oder ihren Augen die Hauptprobleme des Vertriebes sind. Alle schreiben in Einzelarbeit zum Beispiel die fünf oder acht wichtigsten Probleme auf, die sich aktuell auf dem Weg in die Zukunft aus der eigenen Sicht besonders hervorheben. Danach sollen sich immer zwei Mitarbeitende zusammentun und jeweils die eigene Liste vorstellen. Beide Mitarbeitende einigen sich dann auf eine gemeinsame Liste. Im Anschluss suchen sich die Paare wiederum ein weiteres Paar und sortieren und formulieren die Themen so um, dass acht gemeinsame Themen genannt sind, die als Probleme auf dem Weg in die Zukunft zu bewältigen sind. Diese werden dann der Gesamtgruppe vorgestellt. Auch hier einigt man sich über ein gemeinsames Gespräch oder auch über »Punktvergabe« (Jeder klebt z. B. seine acht Punkte – gerne auch mit Doppeltgewichtung) an das eigene Herzensanliegen.

Wichtig ist in diesem Zusammenhang, dass es Probleme sind, die im Einfluss des Vertriebsteams liegen. Gemeinsames Lamentieren über »die da oben« oder die Produktion verbindet, führt aber nicht weiter.

Phase 3: Bearbeiten

Nun gilt es, die gefundenen Fragestellungen zu bearbeiten. Gemeinsam wird nach möglichen Lösungen gesucht. Es geht auch darum, sich emotional zu einigen. Am Ende sollten konkrete Entscheidungen stehen. Irritationen und Konflikte gilt es zu klären. Verbindliche Maßnahmen sollten in einem gemeinsamen Aktionsplan vereinbart und beschlossen werden. Alle sollten das Ergebnis gemeinsam verantworten – und auch die einzelne Zuständigkeit sollte geklärt sein.

Beispiel für eine Bearbeitungsphase anhand des Review-Meetings:

Zeit	Was?	Wie?	Methode
11.15 Uhr	Lösungen suchen	Sie fokussieren sich auf die wesentlichen Angriffspunkte, zum Beispiel: • die Hauptrisiken, die abgebaut werden müssen • die Schwächen oder auch die Chancen, je nach Verlauf der vorhergehenden Diskussion. Sie arbeiten in dieser Zusammenfassung die Arbeitsgruppenaufträge heraus und geben nachfolgende Frage wieder in diese Kleingruppen zum Bearbeiten. Zum Beispiel: • Was können wir noch tun, um den nächsten Schritt erfolgreich zu gehen?	Gruppenaufträge aufschreiben und Gruppen zum Erarbeiten von Lösungsworkshops einteilen
11.25 Uhr	Workshoparbeit	Die Gruppen erarbeiten Lösungen und haben hierfür eine Vorlage, zum Beispiel: Aktionsplan: Was sollen wir, wann, wie tun? Außerdem: Wen schlägt die Gruppe als verantwortliche Person für das Tun vor?	Erarbeitung der Lösungen
12.45 Uhr	Präsentation, Diskussion und Verdichtung	Die Mitarbeitenden präsentieren einander die Lösungsergebnisse. Ihr Vertriebsteam überlegt, ob es den Lösungsvorschlag so übernehmen kann oder welche Veränderungen es noch braucht. Auch Sie geben Feedback und loben oder korrigieren – je nachdem, ob sie zustimmen oder intervenieren möchten.	Präsentation und Diskussion der Gruppen mit Hilfe der visualisierten Ergebnisse
13.15 Uhr	Mittagspause		
14.30 Uhr	Aktionsplan verabschieden	Die vorgestellten Aktionspläne werden in der Gruppe diskutiert und ggfs. ergänzt/ verändert und danach verabschiedet.	Pinnwand mit Aktionsplan

Beispiel für einen Maßnahmenplan: Folge-Aktivitäten festlegen und absichern

Was?	Wie?	Wer?	Bis wann?

Phase 4: Abschließen

Ihr Vertriebsmeeting endet mit einer klaren Transfervereinbarung: Wie können nun die Erkenntnisse gesichert werden und wer ist für was verantwortlich?

Themen oder Aspekte, die in der zur Verfügung stehenden Zeit nicht bearbeitet werden konnten, müssen sich im Maßnahmenplan wiederfinden. Ein unerledigter Punkt könnte zum Beispiel so »erledigt« werden, dass er auf die Tagesordnung der nächsten oder eines »außerordentlichen« Vertriebsmeetings gesetzt wird. Achten Sie darauf, dass beim Abschluss nichts mehr offen ist.

Beispiel für eine Abschlussphase anhand des Review-Meetings:

Zeit	Was?	Wie?	Methode
15.00 Uhr	Zusammenfassung	Sie fassen die Ergebnisse des Aktionsplans zusammen oder lassen diese noch von einem Mitarbeitenden zusammenfassen. Sie fragen die Gruppe: »Wann sollen wir diesen Aktionsplan reflektieren?« Loben Sie die Gruppe für gute Ideen und wagen Sie nun auch einen Blick in die Zukunft.	Nochmals den Flip mit den Zahlen vom Beginn
15.15 Uhr	Runde	Feedback jedes Einzelnen: • Was heißt dieses Workshopergebnis für mich persönlich? • Wie werde ich die Umsetzung unterstützen? • Mein Feedback zur Veranstaltung? Jeder kann seine Einschätzung und sein Commitment abgeben.	Die drei Fragen stehen am Flip-Chart
15.30 Uhr	Abschluss/ Dank	Sie bedanken sich bei der Gruppe für die Mitarbeit und das Engagement – und geben Ihr Abschlussstatement	

Mit diesem Workshop sind Sie zwar noch nicht in der Zukunft, aber Sie haben Lösungsstrategien, die von Ihren Mitarbeitenden selbst kommen. Diese Lösungsstrategien wurden in einem gemeinsamen Commitment beschlossen und bieten damit eine kraftvolle Grundlage für eine erfolgreiche Umsetzung. Darüber hinaus haben Sie die Methode des Sales Coaching für Einzelpersonen in Ihrem Team auf das ganze Team ausgebaut. Gratulation für diese neue Rolle des »Teamcoaches«.

Sales Coaching im digitalen Zeitalter

Die Digitalisierung hat mittlerweile unser ganzen Leben durchdrungen und nun steht die Frage im Raum, wie sich Sales Coaching mit Einzelpersonen und Sales Teams mit modernen Medien zusammenbringen lässt. Sicherlich sind wir es alle schon gewohnt, unsere Besprechungen über Videokonferenzen zu führen. – Aber ist es auch denkbar, wirklich gute Sales Coaching-Gespräche und Sales Coaching mit dem Vertriebsteam mithilfe von Videoplattformen oder anderen Medien zu realisieren?

Schauen wir uns nochmal die Beschreibung von Sales Coaching an. Im Sales Coaching geht es darum, dass die Vertriebsführungskraft mit dem Team oder mit einzelnen Mitarbeitenden die aktuellen und zukünftigen Herausforderungen analysiert, um dann mittels lösungsorientierten, systemisch-zirkulären Fragen oder anderen Interventionen, die »Coachees« dazu bewegt, ihre individuellen Ressourcen zu aktivieren.

Diese Beschreibung setzt somit kein persönliches Treffen voraus, auch wenn ein »Sich-Begegnen« und ein »Miteinander-Sprechen« sehr hilfreich sein können, denn es ermöglicht ein intensives Wahrnehmen der veränderten Stimmlage und der Körpersprache bei den Gegenübern. Darüber hinaus sichern diese Live-Beobachtungen, dass wir auf die Aussagen und das Verhalten der Vertriebsmitarbeitenden angemessener reagieren. Ist also gutes Sales Coaching doch nur in Präsenz möglich? Wir sagen, es geht auch online.

Moderne Medien nutzen

Die Lebens- und Arbeitswelt hat sich seit 2020 durch Corona sehr stark verändert. Die Menschen im Vertrieb, die Unternehmen und Kunden haben neben dem Nachteil eines mangelnden, persönlichen Treffens, die Vorteile eines schnelleren Agierens für sich entdeckt: eine höheren Schlagzahl bei den Terminen, ersparte Reisezeiten, etc. Dies hat nun auch Auswirkungen auf die Abstände der persönlichen Treffen zwischen Vertriebsführungskraft und den Mitarbeitenden; die Möglichkeiten für Sales Coaching-Interventionen im persönlichen Kontakt werden seltener, ein »Dranbleiben« schwerer.

Aus diesem Grund haben wir dieses Kapitel »Sales Coaching in der digitalen Zeit« integriert, um Sie als Vertriebsführungskraft zu ermutigen, die neuen Medien, wie Videokonferenzen, WhatsApp oder andere Messenger-Dienste, in Ihre erweiterte Führungsrolle als »Sales Coach« zu integrieren.
Schauen wir uns diese Möglichkeiten etwas näher an.

Sales Coaching über Videokonferenzen und Messenger-Dienste

Die meisten Videokonferenz-Tools bieten umfangreiche Möglichkeiten, die Sie beim Sales Coaching nutzen können. Schauen wir uns diese mal etwas näher an.

Generell lässt sich sagen, dass ein zeit- und ortsunabhängiges Coaching durch die neuen Tools möglich wird. Sie können viel schneller ein Treffen, auch spontan, mit Ihren Vertriebsmitarbeitenden vereinbaren und viel schneller reagieren, bzw. sogar agieren. Ihre Vertriebsmitarbeitenden haben z. B. gerade einen Termin mit Kunden beendet und Sie können nun direkt im Anschluss und »sichtbar« per Video miteinander kommunizieren. Auch wenn nur ein kleiner Teil des gesamten Menschen über den Bildschirm sichtbar wird, bekommen Sie Stimmungen, Mimik, teilweise Gestik und Tonalität mit –anders, als nur am Telefon. Die Anwendung der systemischen Fragen ist sehr gut möglich, ebenso Interventionen, wie Ressourcenarbeit oder Inner Game.

Sollten Sie Gesprächssituationen mit Ihren Mitarbeitenden durch szenische Darstellungen nachspielen oder zur Vorbereitung eines Kundengespräches einsetzen, können Sie – nach DSGVO-konformer Erlaubnis – die Sequenz aufnehmen und im Nachgang mit Ihren Mitarbeitenden analysieren. Oder Sie senden das Video zu, so dass sich die Personen im Nachgang die Sequenzen (immer wieder) anschauen können.

Dazu könnten Sie zur Steigerung der Eigenanalysefähigkeit Ihrer Mitarbeitenden, Fragen über einen Messenger zukommen lassen, die hilfreich bei der Analyse des Videos sein können. Fragen wie z. B.:

- Wenn Sie die Aufnahme aus einer Beobachterrolle ansehen, was müsste der Vertriebsmitarbeiter/die Vertriebsmitarbeiterin lernen, um effektiver das Gespräch zu führen?
- Was aus Ihrer Sicht ist ein »No-Go«?
- In Ihrer eigenen Rolle als vertriebsmitarbeitende Person: Was machen Sie in Ihrem nächsten Kundengespräch konkret anders?

Folgende Aufträge können Sie nun geben:

- ...schauen Sie sich mit etwas Abstand die szenische Darstellung an.
- ...beantworten Sie die o.g. Fragen und senden Sie mir bis spätestens morgen Mittag Ihre Antworten zu.
- ...notieren Sie sich nach Ihrem nächsten Kundengespräch (Datum) Ihre Umsetzungsergebnisse und senden Sie mir diese über den Messenger X (WhatsApp, Threema, Signal, etc.) zu.

Der Vorteil beim Sales Coaching einen Messenger-Dienst zu nutzen, liegt durch die Möglichkeit, schnell zu antworten, klar auf der Hand. Ihre Vertriebsmitarbeitenden bleiben am Ball, ein schnelleres Lernen erfolgt und Geschwindigkeit ist ja ohnehin ein großer Wettbewerbsvorteil der Zukunft.

Für Sales Coaching mit Ihrem Team eignen sich ebenso Videoplattformen. Je nach Teamgröße können sich alle Teilnehmenden sehen und erleben. Wenn Sie z. B. mit Ihrem Vertriebsteam die letzte Vertriebsaktion analysieren wollen, um für die nächsten Aktionen durch Review und Retrospektive zu lernen, können Sie Ihr Team in Kleingruppen in Breakout-Rooms zusammenbringen. Die Möglichkeit, die Gruppen zufällig, oder von Ihnen eingeteilt oder durch die Teilnehmenden selbstgewählt, zusammenzustellen, ermöglicht, dass eine große Vielfalt unterschiedlicher Sichtweisen zusammenzukommen. Doch wie werden die Ergebnisse der einzelnen Gruppen festgehalten?

Kollaborationsplattformen

Wenn Ihre Vertriebsteams in Breakout-Rooms über die Fragen der Retrospektive und des Reviews diskutieren, können diese die Ergebnisse und Erkenntnisse auf den Kollaborationsplattformen, wie Conceptboard, Miro, Mural – auf einem Whiteboard der unterschiedlichsten Anbieter – festhalten und präsentieren.

Im Anschluss lassen Sie die gewonnenen Erkenntnisse zusammentragen und einen von allen getragenen Lern- und Aktionsplan erstellen. Der Vorteil auch hier – die Ergebnisse und der Plan für eine Umsetzung kommen aus dem Team, somit stärken Sie die Eigenverantwortung und fördern die Selbstorganisation.

Darüber hinaus können Sie nun Ihre Vertriebsmitarbeitenden in Kleingruppen oder in dem Gesamtteam in Messenger-Gruppe(n) zusammenschalten, so dass diese sich über die Umsetzung permanent austauschen können. Sie beobachten den Austausch und stellen immer wieder Fragen, um das Lernen im Team zu forcieren.

Ziel ist nicht, Umsatz abzufragen, sondern das gemeinsame Lernen an Fehlern, Erfolge und das Entwickeln von alternativen Verhaltensweisen zu fördern, um nachhaltiges Lernen im Team zu etablieren.

Zusammenfassend lässt sich festhalten, dass es auf den Weg in die Zukunft unabdingbar ist, dass Sie als Vertriebsführungskraft Ihre digitalen Kompetenzen entwickeln, ausbauen und immer auf dem Laufenden halten. In der Zukunft werden sicherlich noch viele wunderbare Tools entstehen, wie z. B. virtuelle Brillen, deren Einsatzmöglichkeiten sich mit der immer schneller entwickelten Technik erahnen lassen.

Teil 8

Ausblick

Für Ihr persönliches Buch:

Die Meinung meiner Mitarbeitenden zu meiner neuen Rolle als Sales Coach ist ...

Sales Coaching als effektives Führungsinstrument – und wie geht es weiter?

Wohin geht nun die Reise für Sie, Ihr Unternehmen, Ihr Team? Wir werden sich der Markt und die Kunden verändern? Was ist in fünf, zehn oder gar 15 Jahren nun anders? Wir können diese nicht sicher voraussagen, sicher ist jedoch, dass sich die Rahmenbedingungen weiterhin rasant verändern werden. Der Vertrieb wird mobiler und immer stärker virtuell abgebildet werden. Die Rolle der Führungskraft im Vertrieb wandelt sich weiter – hier gehen wir jedoch fest davon aus, dass Führungsarbeit auch in Zukunft maßgeblich das Lernen und die Entwicklung der Mitarbeitenden fokussieren wird.

Warum?

Wesentliche Aufgaben, die eine Führungskraft im Vertrieb früher hatte, lassen sich automatisieren oder viel effektiver an zentraler Stelle abarbeiten – so zum Beispiel die Aufgabe des Controllings. Es gibt keinen wesentlichen Grund mehr, warum die direkte Führungskraft Vertriebscontrolling machen sollte. Viel besser ist es, wenn die Führungskraft die Verantwortung zur Zielerreichung komplett an den Mitarbeitenden delegiert und diese von einer zentralen Stelle regelmäßig überprüft wird. So kann die direkte Führungskraft in das Coaching einsteigen und kann viel besser im Coaching wirken, da sie keine »eigenen Karten« bei der Zielerreichung im Spiel hat. Ergo können somit auch die Mitarbeitenden der Führungskraft viel besser ihr Vertrauen schenken.

Die Rolle des Coaches in Führungsebene wird auch deshalb stärker gefordert werden, da in Zukunft die Vertriebsmitarbeitenden noch häufiger eigene Lösungsideen zum Vertrieb entwickeln werden. Gerade im komplexen B2B-Business stoßen Vertriebsvorgaben, die von zentralen Marketingstellen an die Vertriebsmitarbeitenden ausgegeben werden, viel häufiger an ihre Grenzen.

Mit Sales Coaching als Führungsinstrument begegnen Sie dem Trend der Individualisierung, der Digitalisierung und auch den Anforderungen jüngerer Generationen mit einem zukunftsweisenden Führungsstil im Vertrieb. Sie nutzen die Kreativität jedes Einzelnen, die Kompetenz des Teams und die Vielfalt von Ideen, ganz nach dem Glaubensatz: »Wir tragen alles in uns, was wir brauchen, um den Weg in Zukunft kraftvoll zu gestalten.«

Wie kann es aber nun weitergehen? Gehen wir einmal davon aus, unser Buch hat Sie angeregt und Sie verwenden Sales Coaching als fest etabliertes Führungsinstrument. Auch wenn Ihr Team dies zu schätzen weiß, sind Sie aber immer noch gefordert, aktiv Impulse über Sales Coaching zu geben. Die Frage steht nun an, wie Sie die Kompetenz Ihres Teams zu dem Thema »Problemlösung von aktuellen und zukünftigen Fragestellungen« so stärken können, dass Sie nicht immer in der ersten Reihe stehen müssen, nicht immer Hauptakteur sind. Wie wäre es, wenn in Ihrem Vertriebsteam langfristig eine Lernkultur entsteht, welche gegenseitiges Coaching ermöglicht, also ein Lernen im Team?

Wir möchten Ihnen als Idee und als Ausblick die Methode der »Kollegialen Beratung« vorstellen, die wir schon heute sehr aktiv bei Seminaren und Teamcoachings anwenden. Mit dieser Methode befähigen und trainieren Sie Ihr Team, nach und nach sich selbst den relevanten Vertriebsthemen proaktiv zu stellen und Lösungen zu erarbeiten, ohne dass Sie immer gleich gefordert sind, alles zu gestalten. Auf Basis von einem strukturierten Vorgehen führen Sie Ihre Mitarbeitenden langsam an diese neue Methodik heran, machen es in den ersten Runden vor und übergeben Stück für Stück die Kollegiale Beratung in die »Hände« Ihres Teams.

Themenfelder

Alle Themenfelder, die wir in den vorangegangenen Kapiteln als Herausforderungen für das Coaching beschrieben haben, eignen sich auch für die Kollegiale Beratung. In Kurzform kann man sagen: »Ich habe ein Problem im Vertrieb/mit den Kunden und weiß nicht, wie ich es lösen soll und kann!«

Aufbau der kollegialen Beratung

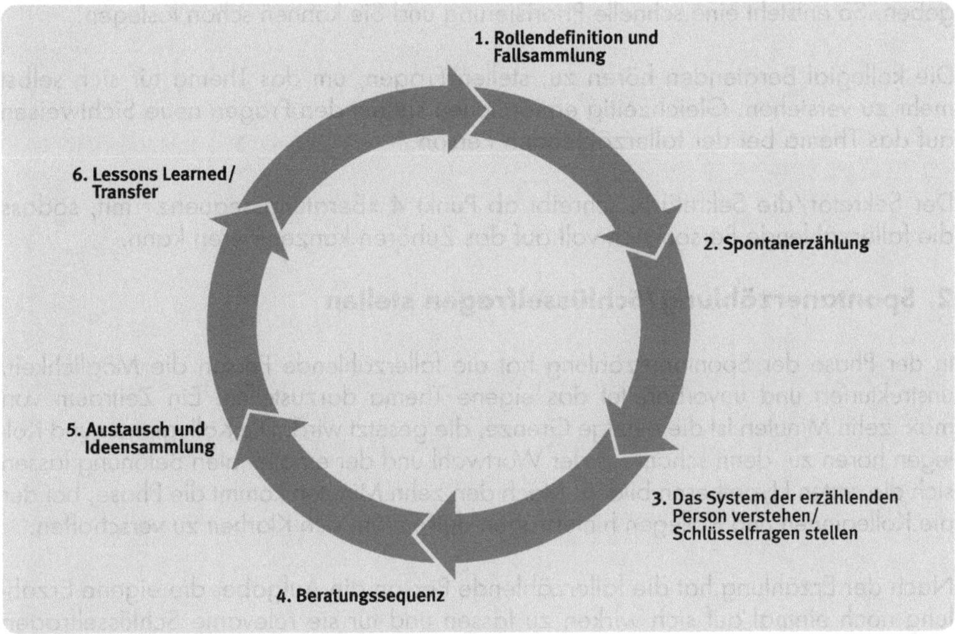

1. Rollendefinition und Fallsammlung

Es gibt feste Rollen in einer Kollegialen Beratung. Zu nennen sind hier

- Moderationsrolle
- Fallerzählende
- Kollegial Beratende
- Rolle des Sekretärs/der Sekretärin

Wenn Sie die Kollegiale Beratung einführen, dann werden Sie am Anfang Ihren Mitarbeitenden die Struktur erklären, die Rollen verteilen und selbst die Moderationsrolle übernehmen. So hat Ihr Team die Möglichkeit an Ihrer Rolle zu lernen und zu wachsen.

Die moderierende Person steuert den Prozess und achtet auf Struktur. Bevor Sie starten, sammeln sie die Themen Ihrer Mitarbeitenden. Dies kann durch eine Frage an die Gruppe passieren, z. B.: »Wer von Ihnen hat ein Thema, was Sie aktuell beschäftigt und wo Sie nach einer Lösung suchen?«, oder Sie teilen Ihr Team in kleinere Subgruppen auf, mit dem Auftrag, die Fälle selbst zu benennen und auf Pin-Karten festzuhalten. Die Fälle können Sie dann an einer Pinnwand befestigen und mit einer

Punktebewertung auswählen lassen. Wir machen dies immer sehr unkompliziert, jeder hat drei Punkte und darf pro Thema, was ihn interessiert, max. zwei Punkte vergeben. So entsteht eine schnelle Priorisierung und Sie können schon loslegen.

Die kollegial Beratenden hören zu, stellen Fragen, um das Thema für sich selbst mehr zu verstehen. Gleichzeitig ermöglichen sie mit den Fragen neue Sichtweisen auf das Thema bei der fallerzählenden Person.

Der Sekretär/die Sekretärin schreibt ab Punkt 4 »Beratungssequenz« mit, sodass die fallerzählende Person sich voll auf das Zuhören konzentrieren kann.

2. Spontanerzählung/Schlüsselfragen stellen

In der Phase der Spontanerzählung hat die fallerzählende Person die Möglichkeit, unstrukturiert und unvorbereitet das eigene Thema darzustellen. Ein Zeitraum von max. zehn Minuten ist die einzige Grenze, die gesetzt wird. Die Kolleginnen und Kollegen hören zu, denn schon aus der Wortwahl und der emotionalen Betonung lassen sich die ersten Hypothesen bilden. Nach den zehn Minuten kommt die Phase, bei der die Kolleginnen und Kollegen hinterfragen dürfen, um sich Klarheit zu verschaffen.

Nach der Erzählung hat die fallerzählende Person die Aufgabe, die eigene Erzählung noch einmal auf sich wirken zu lassen und für sie relevante Schlüsselfragen zu stellen. Schlüsselfragen fokussieren auf die eigene Handlungskompetenz, also nicht »Was müssen wir tun, damit der Kunde sich ändert?«, sondern »Was brauche ich, damit ich mit dieser Situation besser klarkomme?« oder »Was macht mir die Situation so schwer?«.

3. Das System des Erzählers verstehen

Jetzt haben die Kolleginnen und Kollegen die Möglichkeit, ihre Fragen zu stellen, um das »Problem« noch mehr zu verstehen.

Achten Sie darauf, dass jetzt nicht schon die ersten Tipps kommen. Manchmal kommen sie auch versteckt über eine Frage: »Wenn ich dir so zuhöre, kommt mir die Frage, warum du xy noch nicht ausprobiert hast?«

4. Beratungssequenz

Hat die Gruppe, die für sie relevanten Fragen gestellt, beginnt die Beratungssequenz. Die fallerzählende Person setzt sich ein Stück außerhalb der Kolleginnen und Kollegen hinter eine Pinnwand. Die Szene ist jetzt wie ein Kaffeeküchengespräch. Die Person, über die »geredet« wird, ist nicht da und man kann nun »ungezwungen« hypothetisieren.

Die Kollegschaft und die Moderation sitzen in einem Kreis und reflektieren gemeinsam, was das wirkliche Problem der fallerzählenen Person aus ihrem Kollegenkreis sein könnte. Was haben wir herausgehört und woran machen wir das fest? Dieses Hypothetisieren schafft viel Raum für Kreativität und die eigenen Erfahrungen der Kolleginnen und Kollegen kommen schnell zum Tragen. Dadurch, dass der Fallerzähler/die Fallerzählerin hinter einer Wand sitzt, bleiben die Tipps erst einmal weg, was für viele als sehr angenehm empfunden wird. Die Moderation steuert den Prozess und unterstützt mit eigenen Hypothesen.

Zeitrahmen hierfür auch max. zehn Minuten.

5. Austausch und Ideensammlung

Die fallerzählende Person kommt hinter der Wand hervor und die Moderation fragt sie nach ihren Erfahrungen beim Zuhören. Was hat sie gewonnen? Was hat sie angesprochen und was nicht? Was hat sich in Bezug auf das Problem schon verändert? Die Moderation hinterfragt und vertieft den Erkenntnisprozess.

Wenn von der fallerzählenden Person noch Bedarf besteht, können die Kolleginnen und Kollegen nun direkt Tipps geben. Dabei achtet die Moderation darauf, dass die Tipps als Angebot formuliert sind, nicht als: »Wenn du es so, wie ich es dir jetzt sage, machst, hast du Erfolg«.

6. Lessons Learned/Transfer

Am Ende fasst die fallerzählende Person ihren Erkenntnisgewinn zusammen und beschreibt, was sie nun anders machen und wie sie alternativ vorgehen will.

Sie merken schon, ein sehr wirksamer Prozess mit einer klaren Struktur. Mit dieser Methode lernt Ihr Team, Herausforderungen des Alltags mit einer hohen Problemlösungskompetenz schnell und sicher zu bearbeiten. Mitarbeitende, die aktuelle Probleme schnell lösen können, die für sich immer wieder Handlungsalternativen generieren, werden flexibel, kreativ und immer selbstbewusster – die besten Voraussetzungen, um erfolgreich den Weg in die Zukunft aktiv zu gestalten.

Ausbildung zum »Zertifizierten Sales Coach« bei ifsm

Im Jahr 2009 starteten wir unsere erste »Zertifizierte Sales Coach«-Qualifizierung, 20 Tage in fünf Modulen. Die sehr gute Resonanz und der große Zuspruch seitdem ermutigt uns, jedes Jahr eine offene Qualifizierung durchzuführen.

Die Teilnehmenden stammen aus unterschiedlichen Branchen und Unternehmen.

Im Jahr 2020 haben wir der Qualifizierung »Sales Coach« einen neuen, zeitgemäßen Zuschnitt gegeben. Alle Teilnehmenden, die das reine Handwerkszeug zum Thema Coaching lernen wollen, absolvieren in zwei Modulen je vier Tage die Ausbildung zum »Systemischen Business Coach«. Im Anschluss haben Sie die Wahl und können die Aufbauqualifizierungen zum »Zertifizierten Sales Coach« oder zum »Zertifizierten Agile Coach« absolvieren. Natürlich kommen in unseren Ausbildungen auch zeitgemäße Lernformen, wie Video-Tutorials oder Team-Coachings, zum Einsatz.

Sie wünschen für Ihr Unternehmen ein Inhouse-Angebot? Seit 2009 bieten wir die Ausbildung zum »Zertifizierten Sales Coach« auch Inhouse an. Ist Ihnen die Qualifizierung zu lang und Sie möchten keine Zertifizierung? Wir entwickeln mit Ihnen ein maßgeschneidertes Angebot, das genau zu ihren Bedürfnissen passt. Lassen Sie uns in einem persönlichen Gespräch aufspüren, was Sie und Ihre Mitarbeitenden jetzt voranbringt. Rufen Sie uns gerne dazu an.

Nähere Information finden Sie hier:

oder unter

https://www.ifsm-online.com/akademie/systemische-ausbildungen/

Gerne stehen wir Ihnen für Fragen zur Verfügung unter

info@ifsm-online.com
0049 2624952855

Weiterführende Buchempfehlungen

Wir empfehlen hier einige wenige Bücher, von denen wir wissen, dass sie für Menschen, die am Thema »Coaching, Führung und Sales« interessiert sind, eine Erweiterung oder Vertiefung darstellen können:

Kissel, Klaus; Tschinkel, Wolfgang
Das Prinzip der minimalen Führung (Windmühle, 2. Auflage 2011)
Effektives Führen darf auch leicht sein – ein gutes Praxisbuch für Manager, die einen leichten Führungsstil lernen möchten

Reusche, Uwe; Dr. Reichert, Till
Die B2B Sales Matrix (Springer-Gabler, 2017)
Strategische Akquise planen und systematisch umsetzen – ein Praxisbuch stategische Neukundengewinnung

Kissel, Klaus; Mikus, Josef
Organisationen in Resonanz (Windmühle, 2020)
Ein Handbuch für interne und externe Unternehmensberater und Beraterinnen

Dr. Blickhan, Daniela;
Positive Psychologie und Coaching (Junfermann, 2021)
Von der Lösung zur Wachstumsorientierung

Dr. Blickhan, Daniela
Positive Psychologie (Junfermann, 2015)
Ein Handbuch für die Praxis

Purps-Pardigol, Sebastian
Führen mit Hirn (Campus, 2015)
Mitarbeiter begeistern und Unternehmenserfolg steigern

Germanis, Hermann (Hrsg.)
Führen in ungewissen Zeiten (Springer-Gabler, 2016)
Impulse, Konzepte, Praxisbeispiele

Hofert, Svenja
Agiler führen (Springer-Gabler, 2016)
Einfache Maßnahmen für bessere Teamarbeit, mehr Leistung und höherer Kreativität

Pfläging, Niels
Führen mit flexiblen Zielen (Campus, 2011)
Praxisbuch für mehr Erfolg im Wettbewerb

Ion, Frauke; Brand, Markus
Motiv-Orientiertes führen (Gabal, 2009)
Führen auf Basis der 16 Lebensmotive nach Steven Reiss – Motivorientiertes Führen bietet eine ideale Ergänzung zum Sales Coachingansatz

Goleman, Daniel; Boyatzis, Richard; McKee, Annie
Emotionale Führung (Ullstein, 2003)
Wie wichtig und hilfreich ein offener, expliziter Umgang mit den eigenen Gefühlen und auch mit den Emotionen Ihrer Mitarbeitenden ist, werden Sie nach dieser Lektüre noch besser begreifen

Miller, Robert; Heiman, Stephen E.
Strategisches Verkaufen (mi, 1999)
Ein Klassiker für den strategischen Verkauf mit Tools zur strategischen Gewinnung im B2B-Vertrieb

Malik, Fredmund
Führen, Leisten, Leben – Wirksames Management für eine neue Zeit (Wilhelm Heyne, 11/2001)
Ein Klassiker zum Thema ergebnisorientierte Führung. Aufmerksame Leser/-innen werden erkennen, dass wir Maliks Erkenntnisse auch in unserer Coachingarbeit sehr schätzen. Sehr leicht zu lesen und mit vielen Beispielen gespickt

Schulz von Thun, Friedemann
Miteinander reden 1, 2, 3 (Rowohlt, 1981, 1989, 1998)
Alle drei Bücher sind besonders wertvoll für Führungskräfte, die etwas über ihren Kommunikationsstil, ihre Einstellung und ihre damit verbundene Lebensgeschichte erfahren möchten

Radatz, Sonja
Beratung ohne Ratschlag
Systemisches Coaching für Führungskräfte und Beraterinnen (Verlag systemisches Management)
Ein Coachingbuch für Führungskräfte: leicht verständlich und praxisnah werden Interventionen und Fragetechniken erklärt

Scott, Kim
Radical Candor: Be a Kick-Ass Boss Without Losing Your Humanity (Macmillan USA, 2019)
Lesenwertes Buch, in dem die Methode Radical Candor vorgestellt wird. Ziel ist, wertschätzend und mit klarer Offenheit Entwicklungsfeedback zu geben

Literaturverzeichnis

Antons, K.: Praxis der Gruppendynamik. Göttingen: Hogrefe 1973

Arnold, Dr. Rolf: Ich lerne also bin ich; Carl-Auer-Verlag, 2007
mvg – moderne verlagsgesellschaft 1987 (8. Aufl.).

Blickhan, Daniela; Blickhan, Klaus: Denken, Fühlen, Leben; mvg – moderne verlagsgesellschaft 2007, 7. Auflage

Brand, Markus; Ion, Frauke: Motivorientiertes Führen - Führen auf Basis der 16 Lebensmotive nach Steven Reiss - GABAL

Byham, C. William; Cox, Jeff.: Zack! Redline Wirtschaft 2003

Comelli, G.: Training als Beitrag zur Organisationsentwicklung. München, Wien: Carl Hanser 1985

Crisand, Ekkehard; Kiepe, Klaus: Das Gespräch in der betrieblichen Praxis. (Arbeitshefte Führungspsychologie Bd. 18) Heidelberg: Sauer-Verlag 1991.

Czichos, Reiner: Change-Management, Ernst Reinhardt Verlag 1990

Doppler, K.; Lauterburg, Ch.: Changemanagement. Den Unternehmenswandel gestalten. Frankfurt: Campus 1994

Doppler, Klaus: Der Change Manager. Campus 2003

Gross, Stefan F.: Beziehungsintelligenz, Verlag moderne Industrie 1997

Goleman, D.: Emotionale Intelligenz. München: Carl Hanser Verlag 1995

Goleman, Daniel; Boyatzis, Richard; McKee, Annie: Emotionale Führung. Ullstein 2003

Haberzettl, Martin: Kommunizieren und Motivieren. Top-Tools für die Gesprächsführung, Financial Times Prentice Hall 2001

Hagen, Martin: 7 Thesen zum Lernen in Teams: Artikel aus: hauser consulting update 04

Hentze, Joachim; Brose, Peter: Personalführungslehre. (UTB 1374) Bern, Stuttgart: Haupt-Verlag 1990.

Higgins, James M.; Wiese, Gerd G.: Innovationsmanagement. Springer-Verlag 1996

Hinterhuber, Hans H.: Leadership Strategisches Denken systematisch schulen von Sokrates bis Jack Welch, Frankfurter Allgemeine Buch 2004 (3. Aufl.)

Kählin, Karl; Müri, Peter (Hg.): Führen mit Kopf und Herz, Psychologie für Führungskräfte und Mitarbeiter. Thun: Ott-Verlag 1991 (3. Aufl.).

Kählin, Karl; Müri, Peter (Hg.): Sich und andere führen. Psychologie für Führungskräfte und Mitarbeiter. Thun: Ott-Verlag 1993 (7. Aufl.).

Kenneth, B.; Spencer, J.: Der Minutenmanager. Reinbeck: Rowohlt 1983

Kissel, Klaus; Tschinkel, Wolfgang; Prinzip der minimalen Führung, Windmühle 2006 und 2011

Königswieser, Exner.: Systemische Investition. Stuttgart: Klett – Cotta 1998

Krüger, W.: Teams führen. Planegg: STS Verlag 2000

Kühl, S.: Wenn die Affen den Zoo regieren. Frankfurt: Campus 1994

Loos, Dr. Wolfgang: Unter vier Augen, Coaching für Manager, 1. Aufl. 1991, 6. Aufl. München (moderne industrie) 2001

Lundin, Paul; Christensen: Fish, Ein ungewöhnliches Motivationsbuch. München: Goldmann 2003

Maddux, R.: Teambildung. Wien: Carl Ueberreuter 1993

Mary, Michael: Changemanagement als Chance. Zürich: Orell Füssli 1996

Miller, Robert B; Heiman, Stephan E: strategisches Verkaufen; mi Verlag

Papmehl, André: Absolute Customer Care. Signum Verlag 1998

Radatz, Sonja: Beratung ohne Ratschlag, Verlag systemisches Management

Rosenkranz, Hans: Von der Familie zur Gruppe zum Team. Paderborn: Junfermann 1990

Schulz von Thun, Friedemann; Thomann, Christoph: Klärungshilfe. Rowohlt Taschenbuch Verlag 1988

Schulz von Thun, Friedemann: Miteinander reden 1 Reinbek: Rowohlt 1981

Schulz von Thun, Friedemann: Miteinander reden 2 Reinbek: Rowohlt 1989

Schulz von Thun, Friedemann: Miteinander reden 3 Reinbek: Rowohlt 1998

Schwäbisch, L.; Siems, M.: Anleitung zum sozialen Lernen. Reinbek: Rowohlt 1974

Schwarzmann, Oliver W.: Sprit Selling; dd und Partner Verlagshaus

Senge, Peter: The Dance of the Change. Signum 2000

Seiwert, Lothar J.; Friedbert, Gay: Das 1 x 1 der Persönlichkeit, mvg Verlag 2004 (4. Aufl.)

Sprenger, Reinhard K.: Aufstand des Individuums. Frankfurt: Campus 2001

Sprenger, Reinhard K.: Mythos Motivation. Campus 1995

Steward, Ian; Joines, Vann: Die Transaktionsanalyse. Herder 1990

Stroebe, Rainer; Stroebe, Guntram: Führungsstile. (Arbeitshefte Führungspsychologie, Bd. 3) Heidelberg: Sauer-Verlag 1992.

Schutz, Will: Mut zum Selbst, Nymphenburger 1988

Ueberschaer, N.: Mit Teamarbeit zum Erfolg; München; Carl Hanser Verlag 2000

Watzlawick, Paul: Anleitung zum Unglücklichsein. München, Zürich: Piper 1983

Danksagung zur zweiten Auflage

Die zweite Auflage ist abgerundet und Sie sind bis zu dieser Danksagung gekommen. Wir haben diese zweite Auflage im »laufenden Betrieb« geschrieben, am Abend, an den Wochenenden, nach den Workshops und Trainings. Wir dachten es geht schnell, aber wir merkten, dass die vielen Ideen, die seit der ersten Auflage entstanden sind, doch mehr an Aufmerksamkeit verlangten. Es galt die zweite Auflage nicht zu überfrachten, aus den vielen Ideen diejenigen auszuwählen, bei denen wir denken, dass Sie den größten Nutzen davon haben.

Wir sind stolz, voller Freude, aber auch »geschafft«.

Auch anlässlich der zweiten Auflage bedanken wir uns bei den vielen Seminarteilnehmenden, Coaching-Klienten, Führungskräften, Kunden und unserem Team, die uns viele Impulse, neue Sichtweisen aber auch viel an Bestätigung gegeben haben, dass die Art, wie wir unser systemisches Denken mit Sales Coaching verknüpfen, zielführend und zukunftsorientiert ist.

Vielen Dank auch an die Führungskräfte, die ihre persönliche Meinung zum Thema mit uns geteilt haben. Was zählt mehr, als Empfehlungen von Menschen, die ihre Erfahrungen zur Verfügung stellen?

Und… ein herzliches Dankeschön auch unseren Familien, die wir als kreative Urquelle für viele Ideen sehen. Wir danken Euch erneut für Eure Geduld und die Zeit, die wir diesem Buchprojekt zusätzlich zu unserer Arbeit schenken durften.

Klaus Kissel und Uwe Reusche